极简 Ps

Photoshop CS6

一分钟学会Photoshop CS6的艺术

龙马高新教育◎编著

北京大学出版社
PEKING UNIVERSITY PRESS

内 容 提 要

本书通过精选案例引导读者深入学习，系统地介绍 Photoshop CS6 的相关知识和应用方法。

全书分为 4 篇，共 28 课。第 1 篇为快速入门，主要介绍进入 Photoshop 的神奇世界、初识 Photoshop CS6，以及不可不知的图像基础等；第 2 篇为基础操作，主要介绍图像文件的操作技巧、图像的查看与辅助工具、图像的基本调整、选区的操作技巧、Photoshop 抠图实战、图像色彩的调整、图像色调的高级调整、Photoshop 图层的基本操作、图层的高级操作与图层样式，以及图层蒙版的建立与使用等；第 3 篇为绘图与修图，主要介绍绘图工具的使用、图像的修复、图像的润饰与擦除、路径的编辑和应用、形状工具和钢笔工具的使用、通道与图像合成、创建文字及效果，以及滤镜的应用等；第 4 篇为实战案例，主要介绍数码照片的修复、人物肌肤美白及瘦身、照片的特效制作、生活照片的处理、海报设计、房地产平面广告设计，以及汽车网页的设计等。

本书不仅适合计算机初、中级用户学习，也可以作为各类院校相关专业学生和计算机培训班学员的教材或辅导用书。

图书在版编目 (CIP) 数据

极简 Photoshop CS6：一分钟学会 Photoshop CS6 的艺术 / 龙马高新教育编著 . —— 北京：北京大学出版社 ,2018.6
ISBN 978-7-301-29413-0

Ⅰ . ①极… Ⅱ . ①龙… Ⅲ . ①图象处理软件 – 教材 Ⅳ . ① TP391.413

中国版本图书馆 CIP 数据核字 (2018) 第 056743 号

书　　　名	**极简 Photoshop CS6：一分钟学会 Photoshop CS6 的艺术**	
	JI JIAN PHOTOSHOP CS6：YI FENZHONG XUEHUI PHOTOSHOP CS6 DE YISHU	
著作责任者	龙马高新教育　编著	
责 任 编 辑	尹　毅	
标 准 书 号	ISBN 978-7-301-29413-0	
出 版 发 行	北京大学出版社	
地　　　址	北京市海淀区成府路 205 号　　100871	
网　　　址	http://www.pup.cn　　　新浪微博 : @ 北京大学出版社	
电 子 信 箱	pup7@pup.cn	
电　　　话	邮购部 62752015　发行部 62750672　编辑部 62570390	
印 刷 者	北京大学印刷厂	
经 销 者	新华书店	
	730 毫米 × 980 毫米　16 开本　15.25 印张　346 千字	
	2018 年 6 月第 1 版　2018 年 6 月第 1 次印刷	
印　　　数	1—4000 册	
定　　　价	69.00 元	

▶▶▶▶▶ 前　言

　　"不积跬步，无以至千里"。在物质和信息过剩的时代，"极简"不仅是一种流行的工作和生活态度，更是一种先进的学习方法。本书倡导极简学习方式，以"小步子"原则，一分钟学习一个知识点，稳步推进，积少成多，通过不断的"微"学习，从而达到融会贯通，熟练掌握，以期大幅提高读者的学习效率。

　　本书共安排 28 节课，系统且全面地讲解 Photoshop CS6 的技能与实战。

■　读者定位

- ◆　对 Photoshop CS6 一无所知，或者在某方面略懂、想进一步学习的人
- ◆　想快速掌握 Photoshop CS6 的某方面应用技能，如抠图、美化照片等
- ◆　觉得看书学习太枯燥、学不会，希望通过视频课程学习的人
- ◆　没有大量连续时间学习，想通过手机利用碎片化时间学习的人

■　本书特色

- ◆　简单易学，快速上手

　　本书学习结构契合初学者的学习特点和习惯，模拟真实的工作学习环境，帮助读者快速学习和掌握 Photoshop CS6 的艺术。

- ◆　精品视频，一扫就看

　　每节课都配有精品教学视频，哪里不会"扫"哪里，边学边看更轻松。

◆ **牛人干货，高效实用**

本书每课都提供了一定质量的实用技巧，满足读者的阅读需求，也能帮助读者积累实际应用中的妙招，拓展思路。

■ 适用版本

本书的所有内容均在 Photoshop CS6 版本中完成，因为本书介绍的重点是使用方法和思路，所以也适用于 Photoshop CC、Photoshop CS 和 Photoshop CS5。

■ 配套资源

为了方便读者学习，本书配备了多种学习方式，供读者选择。

◆ **配套素材和超值资源**

本书赠送了 175 段高清同步教学视频、本书实例的素材和结果文件、Photoshop CS6 常用快捷键查询手册、Photoshop CS6 常用技巧查询手册、颜色代码查询表、网页配色方案速查表、颜色英文名称查询表、500 个经典 Photoshop 设计案例效果图、Photoshop CS6 安装指导录像、通过互联网获取学习资源和解题方法、手机办公时招就够、微信技巧随身查、QQ 高手技巧随身查、高效人士效率倍增手册等超值资源。

（1）下载地址。

扫描下面的二维码或在浏览器中输入 "http://v.51pcbook.cn/download/29413.html"，即可下载本书配套资源。

（2）使用方法。

下载配套资源到 PC 端，点击相应的文件夹可查看对应的资源。每一课所用到的素材文件均在 "本书实例的素材文件、结果文件 \ 素材 \ch*" 文件夹中。读者在操作时可随时取用。

◆ **扫描二维码观看同步视频（不下载，在有网络的环境下可观看）**

使用微信、QQ 及浏览器中的"扫一扫"功能，扫描每节中对应的二维码，即可观看相应的同步教学视频。

◆ **手机版同步视频（下载后，在无网络的环境下可观看）**

读者可以扫描下面的二维码，下载龙马高新教育手机 APP 安装到手机上，随时随地问同学、问专家，尽享海量资源。同时，我们也会不定期推送学习中的常见难点、使用技巧、行业应用等精彩内容，让学习变得更加简单、高效。

■ **写作团队**

本书由龙马高新教育编著，孔长征任主编，左琨、赵源源任副主编，参与本书编写、资料整理、多媒体开发及程序调试的人员有张田田、尚梦娟、李彩红、尹宗都、王果、陈小杰、左琨、邓艳丽、崔姝怡、侯蕾、左花苹、刘锦源、普宁、王常吉、师鸣若、钟宏伟、陈川、刘子威、徐永俊、朱涛和张允等。

在编写过程中，编者竭尽所能地为读者呈现最好、最全的实用功能，但难免有疏漏和不妥之处，敬请广大读者指正。若在学习过程中产生疑问，或有任何建议，可以通过以下方式联系我们。

投稿信箱：pup7@pup.cn

读者信箱：2751801073@qq.com

■ 后续服务

为了更好地服务读者，本书专门开通了"办公之家"QQ 群为读者答疑解惑，读者在阅读和学习本书过程中可以把遇到的疑难问题整理出来，在QQ群里探讨学习。另外，群文件中还会不定期上传一些办公小技巧，帮助读者更方便、快捷地操作办公软件。

读者交流 QQ 群：218192911（办公之家）

注意：在加群时，如提示此群已满，请根据提示添加新群。

目录

第 1 篇 快速入门

第 3 篇 绘图与修图

第 4 篇　实战案例

第 1 篇

快速入门

第 1 课

进入 Photoshop 的神奇世界

你是否被杂志上一幅幅精彩绝伦的广告设计所吸引？是否为画册上一张张唯美浪漫的拍摄大片所震撼？而这些图像和照片大多都是设计师们使用 Photoshop 软件设计制作和后期处理的。本课将带你进入 Photoshop 的神奇世界。

1.1 神奇的 Photoshop

Photoshop 作为专业的图形图像处理软件，是许多从事平面设计工作人员的必备工具。它被广泛地应用于广告公司、制版公司、输出中心、印刷厂、图形图像处理公司、婚纱影楼及设计公司等。

极简时光

关键词： 平面设计 / 界面设计 / 插画设计 / 网页设计 / 绘画与数码艺术 / 数码摄影后期处理

一分钟

1. 平面设计

Photoshop 应用最为广泛的领域是平面设计。在日常生活中，走在大街上随意看到的招牌、海报、招贴、宣传单等，这些具有丰富图像的平面印刷品，大多都需要使用 Photoshop 软件对图像进行处理。例如，如下图所示的百事可乐广告设计，通过 Photoshop 将百事可乐的产品主体和广告语，以及让人产生的味蕾感觉设计在同一个画面中，使其更好地突出体现该产品的口感和效果。

2. 界面设计

界面设计作为一个新兴的设计领域，在还未成为一种全新职业的情况下，就已受到许多软件企业及开发者的重视；对于界面设计来说，并没有一个专门用于界面设计制作的软件，因为绝大多数设计者都使用 Photoshop 来进行设计。

3. 插画设计

插图（画）是运用图案表现的形象，本着审美与实用相统一的原则，尽量使线条和形态清晰明了，制作方便。插图是世界上通用的语言，在商业应用上很多都是使用 Photoshop 来进行设计的。

4. 网页设计

网络的普及是促使更多人需要掌握 Photoshop 的一个重要原因。因为在制作网页时，Photoshop 是必不可少的网页图像处理软件。

5. 绘画与数码艺术

基于 Photoshop 的良好绘画与调色功能，可以通过手绘草图，再利用 Photoshop 进行填色的方法来绘制插画；也可以通过在 Photoshop 中运用 Layer（图层）功能，直接在 Photoshop 中进行绘画与填色；可以从中绘制各种效果，如插画、国画等，其表现手法各式各样，如水彩风格、马克笔风格、素描等。

6. 数码摄影后期处理

Photoshop 具有强大的图像修饰功能。利用这些功能，可以调整影调、调整色调、校正偏色、替换颜色、溶图、快速修复破损的照片、合成全景照片、后期模拟特技拍摄、上色等，也可以修复人脸上的斑点等缺陷。

7. 动画设计

　　动画设计师可以采用手绘，再用扫描仪进行数码化，然后采用 Photoshop 软件进行处理；也可以直接在 Photoshop 软件中进行动画设计制作。

极简时光

关键词：文字特效 / 服装设计 / 建筑效果图后期修饰 / 绘制或处理三维贴图 / 图标制作

一分钟

8. 文字特效

　　通过 Photoshop 对文字进行处理时，文字就已不再是普通的文字；在 Photoshop 的强大功能面前，文字可以发生各种各样的变化，并利用这些特效处理后的文字为图像

增加效果。

9. 服装设计

　　在各大影楼里使用 Photoshop 对婚纱进行设计和处理；然而在服装行业上，Photoshop 也充当着一个不可或缺的角色，如服装的设计、服装设计效果图等，都体现了 Photoshop 在服装行业中的重要性。

10. 建筑效果图后期修饰

　　在制作建筑效果图包括许多三维场景时，人物与配景（包括场景的颜色）常常需要在 Photoshop 中增加并调整。

11. 绘制或处理三维贴图

在三维软件制作模型中，如果模型的贴图的色调、规格或其他因素不适合，可通过 Photoshop 对贴图进行调整。还可以利用 Photoshop 制作在三维软件中无法得到的合适的材质。

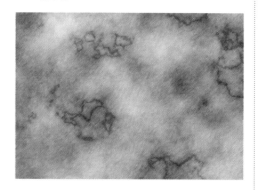

12. 图标制作

Photoshop 除了能应用于各大行业中之外，还适用于制作小的图标，而且使用 Photoshop 制作出来的图标还非常精美。

1.2 Photoshop 设计的技能要求

极简时光

关键词：设计师的知识结构 / 平面视觉的科学 / Photoshop 平面设计的一般流程

一分钟

1. 设计师的知识结构

设计的学习可能有很多不同的路径，这是由设计的多元化知识结构决定的，不管你以前从事什么工作，在进入设计领域之后，以前的阅历都将影响你，你将面临挑战与被淘汰的可能，正如想要造就伟大，永远不可能依靠人们的主观愿望达到一样……

设计多元化的知识结构必将要求设计人员具有多元化的知识及信息获取方式。

（1）从点、线、面的认识开始，学习掌握平面构成、色彩构成、立体构成、透视学等基础；需要具备客观的视觉经验，建立理性思维基础，掌握视觉的生理学规律，了解设计元素这一概念。

（2）你会画草图吗？1998 年，澳大利亚工业设计顾问委员会调查结果显示，设计专业毕业生应具备的 10 项技能中第一位就是"应有优秀的草图绘制和徒手作画的能力"，作为设计者应具备快而不拘谨的视觉图形表达能力，绘画艺术是设计的源泉，设计草图是思想的纸面形式，我们有理由相信，绘画是平面设计的基础，平面设计是设计的基础！

（3）你还缺少什么？缺少对传统课程的学习，如陶艺、版画、水彩、油画、摄影、书法、国画、黑白画等，无论如何，这些课程将在不同层次上加强你的设计动手能力、表现能力和审美能力，最关键的是它们让你明白什么是艺术，更重要的是发现你自己的个性，但这也是一个长期的过程。

（4）我可以开始设计了吗？当然不行，你要设计什么？正如你要开始玩游戏了，你了解游戏规则吗？不过你不用担心，你已经开始了专业本身的学习，同时也意味着你才刚刚开始，你要以不浮躁、不抱怨、实事求是的态度步入这一领域。这里以标志设计为例，需要具备相应的背景知识，如标志的意义、标志的起源、标志的特点、标志的设计原则、标志的艺术规律、标志的表现形式、标志的构成手法等。作为一名设计师，你对周围的视觉环境满意吗？问问自己，你的设计理想是什么？

（5）你能辨别设计的好坏，知道为什么吗？上一步通过对设计基础知识的学习，不知不觉你已经进入了设计的模仿阶段，为了向前，必须回顾历史，继而从理论书籍的学习转变为向前辈及优秀设计师的学习。这个阶段将是一个比较长期的过程，你的设计水平可能会很不稳定，你有时困惑、有时欣喜，伴随着大量的实践，以及对设计整个运转流程的逐渐掌握，开始向成熟设计师迈进。你需要学会规则，再打破规则。

2. 平面视觉的科学

视觉会给人带来一连串的生理上的、心理上的、情感上的、行动上的反应，设计是视觉经验的科学，它包括两个方面：一方面是不以人为而改变的，即生理感受的人的基本反应；另一方面是随机的或由不确定因素构成的，如个人喜好、性格等。

（1）相对稳定的方面：主要是生理上的视觉，人们的一些视觉习惯、视觉流程、视觉逻辑，如从上到下，从左到右，喜欢连贯的、重复的，喜欢有对比的，还有在颜色方面人们最喜欢的其实是有对比的互补色等。这都是跟人们生理上的习惯有关，都是人们生理机能的本能反应。作为设计师，应该能对这些知识充分了解、灵活运用，设计是对"人本"的关注，首先应对文化与人的感知方式这些相对稳定的方面进行研究，并且要在实践中去总结。

（2）不稳定的方面：主要是指情感、素质、品位、阅历的不同，在设计过程中需要具备一定的判断和把握能力，需要客观和克制，才能完成卓越的设计。

（3）设计思维的科学：设计师必须具有科学的思维方法，能在相同中找到差别，能在不同中找到共同之处，能掌握运用各种思维方法，如纵向关联思维和横向关联思维，以及发散式的思维，善于运用科学的思维方式找到奇特的新视觉形象，才能不断发现新的可能。

平面视觉的科学其实是一门很广很深的学问，只有健全和深入地推广这门学问，才能保证设计水平的普遍提高。在这里只是抛砖引玉式地提出这一观点，还需要日后结合其他学科的研究成果进行系统的整理和论述。

3. Photoshop 平面设计的一般流程

平面设计的过程是有计划的、有步骤的、渐进式的、不断完善的过程，设计的成功与否很大程度上取决于理念是否准确，考虑是否完善。设计之美永无止境，完全取决于态度。

（1）调查。调查是了解事物的过程，设计需要有目的的和完整的调查。背景、市场调查、行业调查（关于品牌、受众、产品……）、关于定位、表现手法等，调查是设计的开始和基础（背景知识）。

（2）内容。内容分为主题和具体内容两部分，这是设计师在进行设计前的基本材料。

（3）理念。构思立意是设计的第一步，在设计中思路比一切更重要。理念一向独立于设计之上，也许在你的视觉作品中传达理念是最难的一件事。

（4）调动视觉元素。在设计中基本元素相当于作品的构件，每一个元素都要有传递和加强传递信息的作用。真正优秀的设计师往往很"吝啬"，每使用一种元素，都会从整体需要出发去考虑。在一个版面中，构成元素可以根据类别来进行划分，如可以分为标题、内文、背景、色调、主体图形、留白、视觉中心等。平面设计版面就是把不同元素进行有机结合的过程。例如，在版式中常常借助的框架（也称骨骼）就有很多种形式，如规律框架和非规律框架，可见框架和隐性框架；还有在字体元素中，对于字体和字型的选择与搭配就是非常有讲究的。选择字体风格的过程就是一个美学判断的过程，还有在色彩元素的使用上，能体现出一个设计师对色彩的理解和修养。色彩是一种语言（信息），色彩具有感情，能让人产生联想，能让人感到冷暖、前后、轻重、大小等。善于调动视觉元素是设计师必备的能力之一。

（5）选择表现手法。手法即是技巧，在视觉产品泛滥的今天，要想打动受众并非一件容易的事，更多的视觉作品已被人们的眼睛自动地忽略掉了。要把你的信息传递给大众，有以下 3 种方式：第一种是完整完美地以传统美学去表现的设计方式；第二种是用新奇的或出奇不意的方式（包括在材料上）；第三种是提高广告投放量，进行地毯式宣传。虽然这 3 种方法都能达到目的，也要清楚它们的回报是不同的，但是，在实际应用中根据具体情况选择一种合适的方式即可。

图形的处理和表现手法，包含对比、类比、夸张、对称、主次、明暗、变异、重复、矛盾、放射、节奏、粗细、冷暖、面积等形式。另外，从图形处理的效果上又有手绘类效果，如油画、铅笔、水彩、版画、蜡笔、涂鸦……还有其他的，如摄影、旧照片等，选择哪一种表现方式取决于你的目的和目标受众。

（6）平衡。平衡能带来视觉及心理的满足，设计师要解决画面中力场的平衡和前后衔接的平衡，平衡感也是设计师构图所需要的能力，平衡与不平衡是相对的，以是否达到主题要求为标准。平衡分为对称平衡和不对称平衡，包括点、线、面、色彩、空间的平衡。

（7）出彩。记住，你要创造出视觉兴奋点来升华你的作品。

（8）关于风格。作为设计师有时是反对风格的，固定风格的形成意味着自我的僵化，但风格同时又是一位设计师性格、喜好、阅历和修养的反映，也是设计师成熟的标志。

（9）制作。检查项目包括图形、字体、内文、色彩、编排、比例、出血等。制作要求是视觉的想象力和效果要赏心悦目，而更重要的是被受众理解。

1.3 成为 Photoshop 图像处理高手

极简时光

关键词：成功的设计师应具备的能力和知识 / 设计师一定要自信 / 要有职业道德 / 不断学习和实践

一分钟

如果想要成为一名 Photoshop 图像处理高手，一般需要具备以下能力和知识。

（1）成功的设计师应具备以下几点。

① 强烈、敏锐的感受能力。

② 发明创造的能力。

③ 对作品的美学鉴定能力。

④ 对设计构想的表达能力。

⑤ 具备全面的专业技能。

现代设计师必须具有宽广的文化视角、深邃的智慧和丰富的知识；必须是具有创新精神、知识渊博、敏感并能解决问题的人，应考虑社会反应、社会效果，力求设计作品对社会有益，能提高人们的审美能力，心理上的愉悦和满足，应概括时代特征，反映真正的审美情趣和审美理想。起码应当明白，优秀的设计师有他们"自己"的手法、清晰的形象、合乎逻辑的观点。

（2）设计师一定要自信，坚信自己的个人信仰、经验、眼光、品味。不盲从、不孤芳自赏、不骄、不浮。以严谨的治学态度面对设计，不为个性而个性，不为设计而设计。作为一名设计师，必须有独特的素质和高超的设计技能，即无论多么复杂的设计课题，都能通过认真总结经验，用心思考，反复推敲，

汲取消化同类型的优秀设计的精华，实现新的创造。

（3）平面设计作为一种职业，设计师职业道德的高低与设计师人格的完善有很大的关系，往往决定一个设计师设计水平的就是人格的完善程度，程度越高，其理解能力、把握权衡能力、辨别能力、协调能力、处事能力等越强，这些能力将协助他在设计生涯中越过一道又一道障碍，所以设计师必须注重个人的修养，文人常说："先修其形，后练其品"。

（4）设计的提高必须在不断的学习和实践中进行，设计师的广泛涉猎和专注是相互矛盾又统一的，前者是灵感和表现方式的源泉，后者是工作的态度。好的设计并不只是图形的创作，而是中和了许多智力劳动的结果，涉猎不同的领域，担当不同的角色，可以让设计师保持开阔的视野，可以让设计师的设计带有更多的信息。在设计中最关键的是意念，好的意念需要培养并且需要时间去孵化。设计还需要开阔的视野，使信息有广阔的来源，触类旁通是学习平面设计的重要特点之一，艺术之间本质上是共通的，文化与智慧的不断补给是成为设计界"长青树"的法宝。

（5）有个性的设计可能是来自本民族悠久的文化传统和富有民族文化本色的设计思想，民族性和独创性及个性同样是具有价值的，地域特点也是设计师的知识背景之一。未来的设计师不再是狭隘的民族主义者，而每个民族的标志更多体现在民族精神层面，民族和传统也将成为一种图式或设计元素，作为设计师有必要认真看待民族传统和文化。

1.4 学会对设计素材和作品进行整理分类

对于设计师来讲，设计图片素材的收集和整理尤为重要，尤其随着设计工作时间的增多，会保存越来越多的设计素材和设计作品，当积累到一定数量的时候，会发现查找起来很麻烦。如果一开始就有良好的整理保存习惯，这些麻烦就不复存在。下面就分享几种方法，可根据自己的习惯进行调整。

关键词：按时间进行分类 / 按种类进行分类 / 将相同素材放到同一个页面中

一分钟

1. 按时间进行分类

以时间分类是最为常用的分类方法，主要以年和月分别创建文件夹，适用于专注某个公司或品牌设计，通过时间进行分类就很容易找到不同时期的作品。

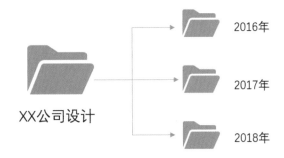

2. 按种类进行分类

按照设计种类，可以分为网页设计、包装设计、DM 广告设计、海报设计、UI 界面等分类。例如，UI 可以进行如下图所示的细分。

3. 将相同素材放到同一个页面中

在素材整理工作中，可以将性质相同的素材放到同一个 PSD 页面中保存。如下图所示，将所有的水墨花朵素材放到了一个页面中。由于 Photoshop 没有多个页面，在存储时建议以"分组"的形式，命名好组名，方便快速查找。

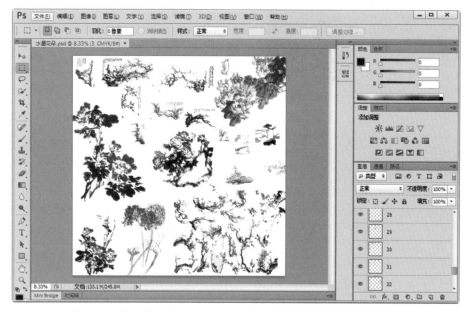

总之，整理和分类是一劳永逸的工作，对高效率完成设计工作有很大帮助，建议即将成为设计师的你，能够有分类整理的好习惯，具体采用什么方式，完全可以根据自己的习惯进行安排。

第2课
初识 Photoshop CS6

Photoshop CS6 是图形图像处理的专业软件，是优秀设计师的必备工具之一。Photoshop 不仅为图形图像设计提供了一个更加广阔的发展空间，而且在图像处理中还有"化腐朽为神奇"的功能。本课主要讲解 Photoshop 的安装、启动与退出、工作界面和性能的设置等。

2.1 在计算机上安装 Photoshop CS6

极简时光

关键词：【Adobe 安装程序】对话框 / 进入【Adobe 软件许可协议】界面 / 进入【安装完成】界面

一分钟

在使用 Photoshop 之前，需要在计算机上安装软件，方可使用。下面介绍在 Windows 7 中安装 Photoshop CS6 的方法。

01 下载 Photoshop CS6 安装软件，双击安装包中的 图标，弹出【Adobe 安装程序】对话框，如下图所示。

02 初始化结束后，进入 Adobe Photoshop CS6【欢迎】界面，在界面中选择【作

为试用版安装】选项，如下图所示。

03 进入【Adobe 软件许可协议】界面，单击【接受】按钮，如下图所示。

04 进入【需要登录】界面，单击【登录】按钮。

05 弹出【登录】界面，需要登录用户的 Adobe ID，如果用户没有 Adobe ID，单击【还不是会员？获取 Adobe ID】链接，进行注册。如果已有账号，直接输入账号和密码，单击【登录】按钮。

07 软件即可进入【安装】界面进行安装，如下图所示。

06 进入【选项】界面，在其中选择需要安装的 Adobe Photoshop CS6，用户还可以根据需要选择 Adobe Photoshop CS6 的安装位置，单击【安装】按钮。

08 安装完成后，进入【安装完成】界面，单击【关闭】按钮，Photoshop CS6 软件即安装成功，如下图所示。

2.2 Photoshop 的启动与退出

极简时光

关键词：Photoshop 的启动 / 使用【开始】菜单方式 / 桌面快捷图标方式

一分钟

　　安装好软件后，首先需要掌握正确启动与退出的方法。

1.Photoshop 的启动

　　启动 Photoshop 有很多种方法，下面介绍几种常用的启动方法。

　　（1）使用【开始】菜单方式。

01 按【Windows】键，在弹出的开始菜单列表中，选择【Adobe Photoshop CS6（64 Bit）】命令，即可启动 Photoshop CS6 软件。

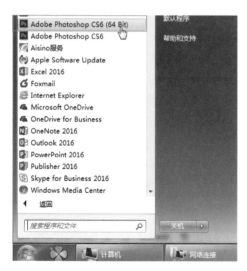

02 启动软件时，首先会显示启动界面，进入加载页面，并正常启动软件。

03 即可进入 Photoshop 软件界面，如下图所示。

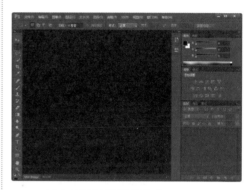

　　（2）桌面快捷图标方式。

　　用户在安装 Photoshop CS6 时，安装向导会自动在桌面上生成一个 Photoshop.exe 的快捷方式图标，用户可以双击桌面上的快捷图标启动。

Photoshop.exe

　　（3）Windows 资源管理器方式。

　　用户也可以在 Windows 资源管理器

中双击 Photoshop CS6 的文档文件来启动 Photoshop CS6 软件。

极简时光

关键词：Photoshop 的退出 / 通过标题栏 / 通过【关闭】按钮 / 使用快捷键

一分钟

2.Photoshop 的退出

用户如果需要退出 Photoshop CS6 软件，可以采用以下 4 种方法。

（1）通过【文件】菜单。

用户可以通过选择 Photoshop CS6 菜单中的【文件】→【退出】命令或按【Ctrl+Q】组合键退出 Photoshop CS6 程序。

（2）通过标题栏。

单击 Photoshop CS6 标题栏左侧的 **Ps** 图标，在弹出的下拉菜单中选择【关闭】命令，即可退出 Photoshop CS6 程序。

（3）通过【关闭】按钮。

用户只需要单击 Photoshop CS6 界面右上角的【关闭】按钮 **×** ，即可退出 Photoshop CS6。此时若用户的文件没有保存，程序会弹出一个对话框提示用户是否需要保存文件；若用户的文件已经保存过，程序则会直接关闭。

（4）使用快捷键。

用户只需要按【Alt+F4】组合键，即可退出 Photoshop CS6。

2.3 Photoshop CS6 的 工作界面

极简时光

关键词：菜单栏 / 标题栏 / 工具箱 / 工具选项栏 / 面板 / 选项卡 / 文档窗口 / 状态栏

一分钟

　　随着版本的不断升级，Photoshop 工作界面的布局设计也更加合理和人性化，便于操作和理解，同时也易于被人们接受。Photoshop CS6 工作界面主要由标题栏、菜单栏、工具箱、工具选项栏、面板和文档窗口等几个部分组成。

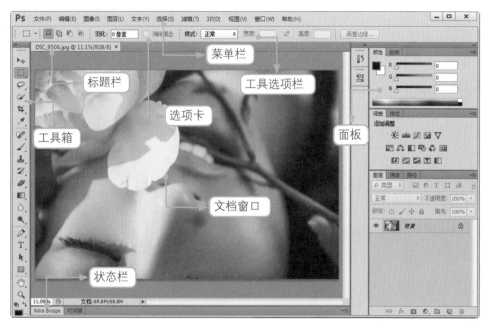

　　（1）菜单栏：Photoshop CS6 的菜单栏中包含 11 组主菜单，分别是文件、编辑、图像、图层、文字、选择、滤镜、3D、视图、窗口和帮助。每个菜单内都包含一系列的命令，这些命令按照不同的功能采用分隔线进行分离。

　　（2）标题栏：显示了文档名称、文件格式、窗口缩放比例和颜色模式等信息。如果文档中包含多个图层，则标题栏中还会显示当前工作图层的名称。

　　（3）工具箱：工具箱中集合了图像处理过程中使用最频繁的工具，是 Photoshop CS6 中比较重要的组成部分。通过这些工具，可以进行文字、选择、绘画、绘制、取样、编辑、移动、注释和查看图像等操作。通过工具箱中的工具，还可以更改前景色和背景色，以及在不同的模式下工作。

　　（4）工具选项栏：用来设置工具的各种选项，它会随着所选工具的不同而改变选项内容。

　　（5）面板：控制面板是 Photoshop CS6 中进行颜色选择、编辑图层、编辑路径、编辑通道和撤销编辑等操作的主要功能面板，是工作界面中的一个重要组成部分。

　　（6）选项卡：当打开多个图像时，只在窗口中显示一个图像，其他的则最小化到选项卡中。选择选项卡中的各个文件的标题名，便可显示相应的图像。

　　（7）文档窗口：文档窗口是显示和编辑图像的工作区域。

　　（8）状态栏：Photoshop CS6 状态栏位于文档窗口底部，状态栏可以显示文档窗口的缩放比例、文档大小、当前使用工具等信息。

2.4 Photoshop CS6 的性能设置

极简时光

关键词：*内存使用情况 / 历史记录与高速缓存 / 图形处理器设置*

一分钟

在使用 Photoshop CS6 之前，需要进行一些性能设置，这个操作十分重要，不仅会影响 Photoshop CS6 的运行速度及程序运行的各个方面，更关系着图像处理的准确性和质量。

01 用户可以选择【编辑】→【首选项】→【性能】命令。

02 系统弹出【首选项】对话框。

1. 内存使用情况

显示【可用内存】和【理想范围】信息，可以在【让 Photoshop 使用】右侧的文本框中输入数值，或拖动滑块来调整分配给 Photoshop 的内存量。修改后，重新启动 Photoshop 才能生效。

2. 历史记录与高速缓存

【历史记录状态】：【历史记录】面板中所能保留的历史记录状态的最大数量。

【高速缓存级别】：图像数据的高速缓存级别数，用于提高屏幕重绘和直方图显示的速度。如果为具有少量图层的大型文档选择较大的高速缓存级别，则速度越快；如果为具有较多图层的小型文档选择较小的高速缓存级别，则品质越高。所做的更改将在下一次启动 Photoshop 时生效。

【高速缓存拼贴大小】：Photoshop 一次存储或处理的数据量。对于要快速处理的、具有较大像素大小的文档，应选择较大的拼贴；对于像素大小较小的、具有许多图层的文档，应选择较小的拼贴。所做的更改将在下一次启动 Photoshop 时生效。

3. 图形处理器设置

选中【使用图形处理器】复选框，再单击【高级设置】按钮，可以启用某些功能和界面增强，就是可以启用 OpenGL 绘图功能。不会对已打开的文档启用 OpenGL 绘图功能。

启用的功能有【旋转视图工具】【鸟瞰缩放】【像素网格】【轻击平移】【细微缩放】【HUD 拾色器】和【丰富光标】信息、【取样环】(【吸管工具】)、【画布画笔大小调整】【硬毛刷笔尖预览】【油画】【自适应广角】【光效库】等。

界面增强有【模糊画廊】(仅用于 OpenGL)、【液化】【操控变形】【平滑的平移和缩放】【画布边界投影】【绘画】性能、【变换】(【变形】)等。

选中【使用图形处理器】复选框以后，重新启动 Photoshop CS6，如果能够使用上面的功能，则说明计算机显卡支持 OpenGL 加速。如果计算机检测到了图形处理器，而没有选中【使用图形处理器】复选框，Photoshop CS6 则会经常出现未响应提示，进而没有反应，以至于影响使用。

牛人干货

1. 使用 Photoshop 时提示 C 盘已满

在使用 Photoshop 时，当打开多个图像文件时，会提示"C 盘已满"的信息。在默认情况下，Photoshop 将安装操作系统的硬盘驱动器用作主暂存盘，当打开的文件所占用的内存较多时，均占用该磁盘空间。

用户可根据需求，在【暂存盘】选项区域中将暂存盘修改到其他驱动器上，具体操作步骤如下。

01 按【Ctrl+K】组合键，打开【首选项】对话框，并选择【性能】选项卡。

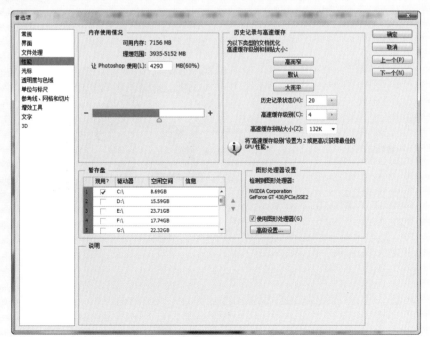

02 取消选中 C 盘驱动器前的复选框，再选中其他驱动器前的复选框，可以选中多个，如这里选中 D 盘和 E 盘驱动器前的复选框，单击【确定】按钮即可。

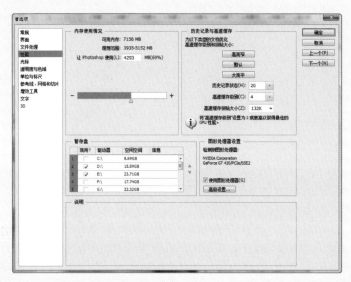

2. 更改 Photoshop 的界面肤色

在 Photoshop 默认情况下，界面颜色是黑灰色，另外，用户可以根据需求设置为其他颜色。Photoshop 包含了 4 种颜色，除了黑色外，还可以设置为柔和的浅灰色、比较中性的灰色及科技范儿十足的深灰色。例如，将界面颜色设置为浅灰色的具体操作步骤如下。

01 按【Ctrl+K】组合键，打开【首选项】对话框，并选择【界面】选项卡，单击【颜色方案】中的颜色方案按钮，单击【确定】按钮。

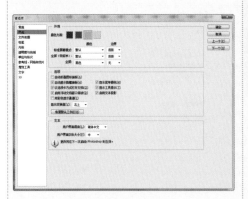

02 界面即可显示为所选设置。

第 3 课
不可不知的图像基础

在了解了 Photoshop 的基本功能后，为了便于以后的平面设计，首先要了解图像基础，如位图、矢量图、分辨率、图片格式及色彩模式等，本课将介绍这些图像基础知识。

3.1 用方格拼出的位图

极简时光

关键词：位图 / 像素图 /
点阵图 / 扫描仪扫描

一分钟

位图也称像素图，它由网格上的点组成，这些点称为像素（Pixel），在 Photoshop 中处理图像时，编辑的就是像素。

使用 Photoshop 打开"素材 \ch03\3.1.jpg"图片，以正常比例显示时，可以看到图片非常清晰，如下图所示。此时，按住【Alt】键的同时，向上滚动鼠标滑轮，就可以放大图像的显示比例，当图片不断放大时，就会看到马赛克式的小方点，那表示这张图片就是一张位图。

放大后清晰可见的小方点

位图的典型特征就是图像中显示像素点，所以将其称为像素图，也称为点阵图，一个像素表示一个颜色，是位图最小的组成元素。例如，人们用手机和相机拍摄的图片、扫描仪扫描的图像及计算机屏幕抓取的图像，都属于位图。

3.2 怎么放大也不失真的 矢量图

极简时光

关键词：矢量图 /Adobe Illustrator/ 矢量图形 / 矢量工具

一分钟

矢量图是使用线条绘制的各种图形，它与分辨率没有直接关系，可以任意缩放和选择图形，不会影响图形的清晰度和光滑性。

下面先通过 Adobe Illustrator 绘制一个矢量符号，来认识矢量图的特点。如下图所示，通过 Adobe Illustrator 的【符号】工具绘制一个简单的矢量图形。当对图片进行放大时，可以明显地发现它与位图的不同是，图片的清晰度和光滑度丝毫不受影响。区别位图和矢量图的唯一标准就是看图片放大后有没有像素点。

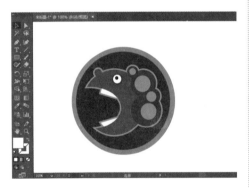

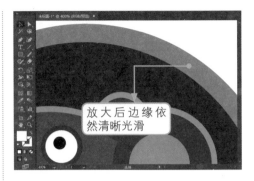

放大后边缘依然清晰光滑

提 示

Adobe Illustrator 是一款 Adobe 公司推出的矢量图绘制工具，广泛应用于印刷出版、专业插画、多媒体图像处理和互联网页面的制作等方面。

在 Photoshop 中也有矢量工具，其中【文字工具】和【形状工具】都是矢量工具。例如，打开软件新建一个文档，在其中输入文字，如"龙马"，当按【Ctrl+T】组合键将文字拉大时，图像显示依然很清晰。

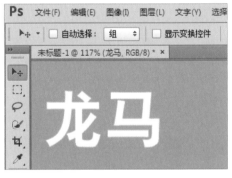

放大后的文字内容依然很清晰

另外，矢量图与位图相比，虽然它占用的空间小，且放大不会失真，但是这种图形的色彩比较单调，适用于标志、图形、文字及排版等。

3.3 弄清像素到底长啥样

极简时光

关键词：新建文档/填充颜色/【图像大小】对话框

一分钟

通过 3.1 节对位图的了解，我们知道显示器上的图像是由许多点构成的，最小的点称为像素，它是一个彩色方块，就像马赛克一样，但是需要放大才能看到。下面通过实例进行介绍。

打开 Photoshop CS6，新建一个宽和高分别为"1 像素"，分辨率为"72 像素/英寸"的文档，当文档以最大比例 3200% 显示时，即可看到创建的白块，它就是一个像素点，作用就是可以填充颜色。例如，将其填充为"蓝色"，当若干个蓝色像素点进行组合时，即可构成一个大的蓝色背景图。

例如，打开"素材\ch03\3.2.jpg"图片，当放大显示后，会发现连续色调其实由许多

色彩相近的小方点组成，这些小方点就是构成图像的最小单位"像素"。

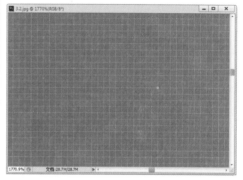

此时，按【Alt+Ctrl+I】组合键，打开【图像大小】对话框，即可看到图像的尺寸为 3872 像素×2592 像素，也就是说这张图片横向上有 3872 个像素，纵向上有 2592 个像素，像素的总数为 3872×2592。

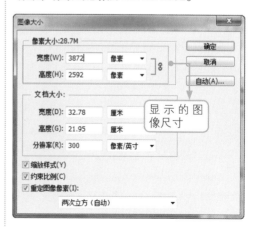

3.4 设计师应该懂得的分辨率

对于设计初学者来说，很容易将分辨率、像素和尺寸的概念混淆，下面就来认识一下分辨率及其在设计中的重要性。

图像分辨率是指位图图像上每英寸单位中所包含的像素点数，单位为 PPI（像素 / 英寸）。简单来讲就是一个英寸中有多少个像素点。其中英寸为长度单位，1 英寸等于 2.54 厘米。像素是用来表述图像精度的一个单位，如按视频模糊的精度等级分为超清、高清、普清，其实也是分辨率大小的意思。

在弄清楚分辨率概念的同时，先引入 DPI 和 PPI 两个概念，也是初学者容易混为一谈的。DPI（Dots Per Inch）是用来表述输出精度的单位，如 DPI 500 就是指每 1inch 里面有 500dots。PPI（Pixels Per Inch）是用来表述屏幕成像精度的单位，如 PPI 500 就是指每 1inch 里面有 500pixels。从概念上来说，二者很难区分，但它们还是有区别的：pixels 是一个明确单位，像素是明确大小的，而 dots 是指一个点，可以大点，也可以小点。

如下图所示，1 英寸的画布可以放 1 个像素、10 个像素、100 个像素，甚至更多。那么，1 英寸的画布也可以放 1 个大点、10 个中点、100 个小点，或者更多。也就是说，当这个点等于 1 像素时，DPI 是等于 PPI 的。

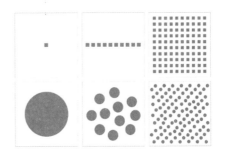

像素和分辨率是密不可分的，它们的组合方式决定了图像的数据量。例如，同样是 1 英寸×1 英寸的两个图像，分辨率为 72 PPI 的图像包含了 5184 个像素（72×72），而分辨率为 300 PPI 的图像包含了 90 000 个像素（300×300），因此，高分辨率的图像比低分辨率的图像包含了更多的像素。如下图所示，低分辨率的图像有些模糊，而高分辨率的图像就比较清晰。

分辨率为 72PPI 的图像

分辨率为 300PPI 的图像

设计师在设计一个作品时，应明确作品所需的分辨率是多少，设置正确的分辨率。分辨率可以从大改小，但是不能由小改大。例如，设计一个画册，正确的分辨率设置应为 300PPI，在创建文档时，设置为 600PPI，此时打开【图像大小】对话框，可以将 600PPI 改为 300PPI，不会影响印刷质量。但是如果在创建时设置的分辨率为 72PPI，则不可以将 72PPI 直接改为 300PPI，这样会影响作品印刷质量。在这种情况下，设计师只能重新设计。

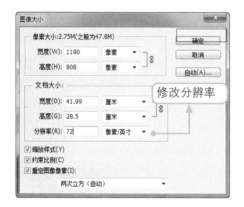

在实际设计工作中，有很多人对分辨率的理解存在一个误区，认为分辨率越高越好，不管图片本身分辨率是多少，直接在 Photoshop 中改成 300PPI。这是错误的，关键要看图像的细节损失率或图像的精度高不高，也就是总像素数高不高。在创建文档时，可以发现需要设置 3 个参数，分别为宽度、高度和分辨率，它们共同决定了图片包含信息的丰富程度。

3.5 图片格式要弄清

极简时光

关键词：图片格式 /【存储为 Web 所用格式（100%）】对话框

一分钟

在进行图像处理时，采用什么格式保存图像与图像的用途是密切相关的。例如，如果希望将图像作为网页素材，应将其保存为具有很高压缩比的 JPG 或 PNG 格式；如果希望将图像用于彩色印刷，则应其保存为 PSD 格式。

下表列举了 4 种较为常用的图片格式，分别对压缩特点、图像分层、透明性及特点进行了对比，以帮助读者在实际设计应用中，选择合适的图片格式。

图片格式	压缩特点	图像分层	透明性	特点
JPG	有损压缩，降低图像质量来减小图像大小	不支持	不支持	适用于不包含文字或文字尺寸较大的图像
PNG	无损压缩	不支持	支持	能够在不失真的情况下压缩图像的大小，但图片太大，不适合应用在 Web 页面
TIFF	既能无损存储，又能压缩存储	支持	支持	支持分层编辑，它的压缩不会像 JPG 一样严重损坏图片质量，既可减小文件大小，又不会太多地损坏图片质量
PSD	不压缩	支持	支持	保存信息多，但尺寸较大

如果对上述表格中的内容不是很理解，下面通过实例来讲述它们的特点。例如，希望对"素材\ch03\3.3.jpg"图片进行容量压缩时，按【Shift+Alt+Ctrl+S】组合键打开【存储为 Web 所用格式（100%）】对话框，在【优化文件格式】列表中，包含了常用的 JPG、GIF 和 PNG 格式，从下图中可以看到打开的是一张色彩丰富的人物照片，原图像大小为 314KB，当分别选择【JPEG】和【PNG-8】时，它们的图像大小分别优化为 38.18KB 和 83.04KB，由此可以看出，对于颜色丰富的图片，JPG 格式压缩方案最佳。

新建一个文档，使用形状工具绘制一个矢量图，并再次打开【存储为 Web 所用格式（100%）】对话框，依次选择【JPEG】和【PNG-8】文件格式，优化后的图像大小分别为 28.03KB 和 11.62KB，由此可以看出，对于颜色单一的矢量图，保存为 PNG 格式则是最优方案。

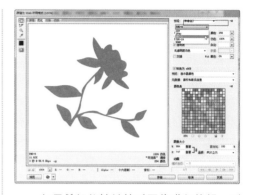

如果希望能够继续对图像进行编辑，则应将图像以 PSD 格式保存，然后再根据需要将其保存为其他格式。

3.6 Photoshop 中的色彩模式

极简时光

关键词：色彩模式 /RGB 色彩模式 /CMYK 色彩模式 /Lab 色彩模式

一分钟

色彩模式决定了用于显示和打印图像的颜色类型，也决定了如何描述和重现图像的色彩。常见的色彩类型包括 HSB、RGB、CMYK 和 CIE L*a*b 等，因此，相应的模式就有 RGB、CMYK、Lab 等。此外，Photoshop 也包括了特殊的色彩输出模式，如灰度、索引颜色和双色调等。例如，在 Photoshop 的拾色器中，可以清晰地看到包含的 5 种色彩设置模式。

（1）RGB 色彩模式。

在 RGB 模式中，显示器的每一个像素点都赋予了 0 ~ 255 的 3 个值，分别用 R、G、B 来表示。R 是红色（Red）的缩写，G 是绿色（Green）的缩写，B 是蓝色（Blue）的缩写，通过 RGB 的值混合得到最终显示在屏幕上的色彩。一般手机、平板电脑、电视机等都是运用 RGB 色彩模式进行图像成像的。

例如，使用 Photoshop 随意打开一张数码照片，可以看到都是以 RGB 状态显示的。

（2）CMYK 色彩模式。

CMYK 色彩模式也称为印刷色彩模式，它是由青色、洋红色、黄色和黑色 4 种油墨颜色混合在一起的模式，分别以 C、M、Y、K 表示。青色、洋红色和黄色很难叠加形成真正的黑色，最多不过是褐色而已，因此才引入了 K——黑色。如果图片要用于印刷，CMYK 模式是最佳的打印模式。

例如，在显示器上显示很漂亮的图片，打印出来却发生偏色，绝大部分情况下都是

因为没有将 RGB 色彩模式转换为 CMYK 色彩模式，设置方法为：依次选择【图像】→【模式】→【CMYK 颜色】选项，即可调整，同样，如果需要将图片转换为不同的色彩模式，也可以使用该方法。

 提 示

当再次把 CMYK 色彩模式转换回 RGB 模式时，不会变回之前的鲜亮颜色。

（3）Lab 色彩模式。

在 Photoshop 中，Lab 具有最宽的色域，它包含了 RGB 和 CMYK 的所有颜色。Lab 模式既不依赖光线，也不依赖颜料，是与设备无关的色彩模式，无论使用什么设备，创建或输出图像，都能生成一致的颜色。Lab 色彩模式主要处理图像亮度，而且又不影响色彩。

Lab 模式由 3 个通道组成，但不是 R、G、B 通道。它的一个通道是亮度，即 L。另外两个是色彩通道，用 A 和 B 来表示。A 通道包括的颜色是从深绿色（低亮度值）到灰色（中亮度值），再到亮粉红色（高亮度值）；B 通道则是从亮蓝色（低亮度值）到灰色（中亮度值），再到黄色（高亮度值）。因此，这种色彩混合后将产生明亮的色彩。

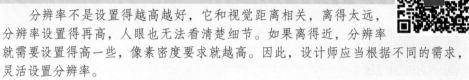

牛人干货

分辨率越高越好吗

　　分辨率不是设置得越高越好，它和视觉距离相关，离得太远，分辨率设置得再高，人眼也无法看清楚细节。如果离得近，分辨率就需要设置得高一些，像素密度要求就越高。因此，设计师应当根据不同的需求，灵活设置分辨率。

　　在通常情况下，如果希望图像仅用于显示，建议将分辨率设置为 72 像素 / 英寸或 96 像素 / 英寸；如果希望图像用于印刷输出，则应将其分辨率设置为 300 像素 / 英寸或更高。

　　为了方便读者记忆，可以参照以下表格设置分辨率大小。

作品类型	分辨率设置大小
一般四色印刷的作品	250 ～ 300PPI
画册、日历等精美印刷品	350 ～ 400PPI
报纸印刷	150 ～ 200PPI
喷绘设计	25 ～ 72PPI
室内写真	72PPI
户外大幅广告	25PPI

第 2 篇
基础操作

第 4 课
图像文件的操作技巧

在本课中，将向读者介绍一些与图像文件操作有关的技巧，如新建、打开、保存、文件置入等操作。

4.1 创建新图像

极简时光

关键词：创建新图像 /【新建】对话框 /【名称】文本框 /【预设】下拉列表

一分钟

在 Photoshop 中不仅可以编辑一个现有的图像，也可以在 Photoshop 中创建全新的空白文件，然后在上面绘制图像，或将其他图像置入其中，再对其进行编辑。

选择【文件】→【新建】命令或单击界面上的【新建】按钮（快捷键为【Ctrl+N】），即可打开【新建】对话框，在其中进行如下图所示的设置后，单击【确定】按钮，即可创建新图像。

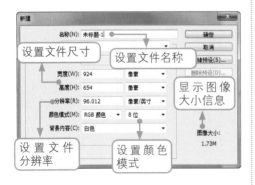

设置文件尺寸
设置文件名称
显示图像大小信息
设置文件分辨率
设置颜色模式

提 示

单击【存储预设】按钮，可将设置的文件信息保存到文档预设列表中。

【新建】对话框中的各个选项功能如下。

（1）【名称】文本框：用于填写新建文件的名称。【未标题 –1】是 Photoshop 默认的名称，可以将其改为其他名称。

（2）【预设】下拉列表：用于提供预设文件尺寸及自定义尺寸。

（3）【宽度】设置框：用于设置新建文件的宽度，默认以"像素"为单位，也可以选择"英寸""厘米""毫米""点""派卡"和"列"等为单位。

（4）【高度】设置框：用于设置新建文件的高度。

（5）【分辨率】设置框：用于设置新建文件的分辨率。默认以"像素 / 英寸"为单位，也可以选择"像素 / 厘米"为单位。

（6）【颜色模式】下拉列表：用于设置新建文件的模式，包括位图、灰度、RGB 颜色、CMYK 颜色和 Lab 颜色等几种模式。

（7）【背景内容】下拉列表：用于选择新建文件的背景内容，包括白色、背景色和透明 3 种。

①白色：白色背景。

②背景色：以所设置的背景色（相对于

前景色）为新建文件的背景。

③透明：透明的背景（以灰色与白色交错的格子表示）。

4.2 打开图像文件的方法

要在 Photoshop 中编辑一个图像文件，首先要打开该文件。打开图像文件的方法有多种，如可以使用【打开】命令、拖曳图像文件、【最近打开文件】命令等。

1. 使用【打开】命令

01 选择【文件】→【打开】命令，打开【打开】对话框，选择一个要打开的图片。如果要打开多个文件，可以按住【Ctrl】键的同时单击其他文件。

02 选择文件后，单击【打开】按钮，或双击文件即可将其打开。

2. 使用拖曳法

选择要打开的文件，将其拖曳到已打开的 Photoshop 软件界面中，即可打开图像。

3. 打开最近使用过的文件

在 Photoshop 中，选择【文件】→【最近打开文件】命令，弹出最近处理过的文件，选择某个文件，即可将其打开。

4.3 置入 EPS 和 PDF 文件

极简时光

关键词：置入 EPS 格式文件 /【置入】对话框 / 置入 PDF 文件

一分钟

在打开图片时，打开的各个图像之间是独立的，如果想将图像导入另一个图像上，可以使用【文件】菜单中的【置入】命令，将照片、图片等位图，以及 EPS、PDF、AI 等矢量文件作为智能对象置入 Photoshop 文档中。本节以置入 EPS 和 PDF 文件为例讲述具体操作方法。

1. 置入 EPS 格式文件

01 使用 Photoshop 打开"素材 \ch04\1.jpg"图片，如下图所示。

02 选择【文件】→【置入】命令，弹出【置入】对话框。选择"素材 \ch04\2.eps"图片，然后单击【置入】按钮。

03 图像即会被置入"1.jpg"图片中，并在四周显示控制线。

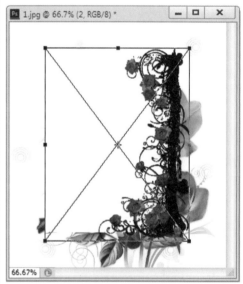

04 将鼠标指针放在置入图像的控制线上，当鼠标指针变成旋转箭头时，按住鼠标左键不放即可旋转图像。按住【Shift】键拖动鼠标可以进行等比缩放，按【Enter】键确认。

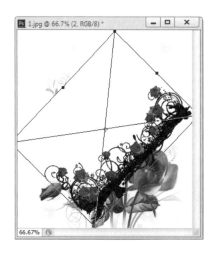

2. 置入 PDF 文件

　　用户置入 PDF 格式文件和置入 EPS 格式文件操作方法类似，只是在选择【置入】选项后，在弹出的【置入】对话框中选择"素材 \ch04\ 3.pdf"图片，单击【置入】按钮即可嵌入文档中。

4.4 文件的快速保存

极简时光

关键词： 使用【存储】
命令保存文件 /【存储为】
对话框 / 使用【存储为】
命令保存文件

一分钟

　　对打开的文件进行编辑后，需要及时保存图像，以免丢失文件。在 Photoshop 中提供了多个保存文件的命令，本节来介绍文件的保存方法。

1. 使用【存储】命令保存文件

　　当打开一个图像文件对其进行编辑后，可以选择【文件】→【存储】命令，或按【Ctrl+S】组合键，即可保存图像所做的修改。

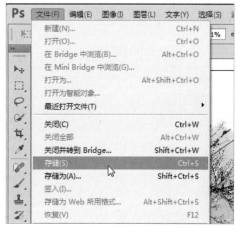

　　如果要保存的是一个新建的文档，使用该命令后，则会打开【存储为】对话框。

2. 使用【存储为】命令保存文件

　　如果对图片进行修改后，仍希望保存原文件，可以将图片保存为其他名称、其他格式或其他位置。此时，可以选择【文件】→【存储为】命令，在打开的【存储为】对话框中可以命名"文件名"，选择保存类型及保存的位置，单击【保存】按钮即可保存。

选中【作为副本】复选框，可以另存一个文件副本，副本文件与源文件存储在同一个位置。

4.5 图像文件的打印

极简时光

关键词：【Photoshop 打印设置】对话框/打印设置/【打印设置】按钮/打印文件

一分钟

对于已经完成的设计工作，如果需要将设计的作品打印出来，在打印之前还需要对所输出的版面和相关的参数进行设置，以确保更好地打印作品，更准确地表达设计的意图。

无论是要将图像输出到桌面打印机还是要将图像发送到印前设备，了解一些有关打印的基础知识都会使打印作业更顺利，并有助于确保打印完成的图像达到预期的效果。

1. 打印设置

用户如果要进行打印预览，可以选择【文件】→【打印】命令，系统会弹出【Photoshop 打印设置】对话框，如下图所示。

【Photoshop 打印设置】对话框中各个选项的功能如下。

（1）【打印机】下拉列表：选择一款打印机。

（2）【份数】文本框：用来设置打印的份数。

（3）【打印设置】按钮：单击该按钮，可以在打开的【文档属性】对话框中设置字体嵌入和颜色等参数。

选择不同的打印机，此对话框的名称不一致，但是进行字体嵌入和颜色等参数的设置。

（4）【位置】选项区域：用来设置所打印的图像在画面中的位置。

（5）【缩放后的打印尺寸】选项区域：用来设置缩放的比例、高度、宽度和打印分辨率等参数，如下图所示。

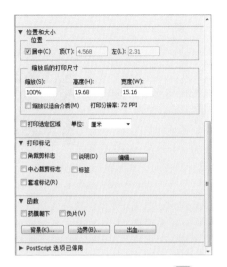

（6）【纵向打印纸张】按钮：用来设置纵向打印。

（7）【横向打印纸张】按钮：用来设置横向打印。

（8）【角裁剪标志】：在要裁剪页面的位置打印裁剪标志，也可以在角上打印裁剪标志。在 PostScript 打印机上选中此复选框，也打印星形靶。

（9）【中心裁剪标志】：在要裁剪页面的位置打印裁剪标志，可在每个边的中心打印裁剪标志。

（10）【套准标记】：在图像上打印套准标记（包括靶心和星形靶），这些标记主要用于对齐分色。

（11）【说明】：打印在【文件简介】对话框中输入的任何说明文本。将始终采用 9 号 Helvetica 无格式字体打印说明文本。

（12）【标签】：在图像上方打印文件名。如果打印分色，则将分色名称作为标签的一部分打印。

（13）【药膜朝下】：使文字在药膜朝下（即将胶片或像纸上的感光层背对用户）时可读。在正常情况下，打印在纸上的图像是以药膜朝上的方式打印的，打印在胶片上的图像通常采用药膜朝下的方式打印。

（14）【负片】：打印整个输出（包括所有蒙版和任何背景色）的反相版本。与【图像】菜单中的【反相】命令不同，选中【负片】复选框，将输出（而非屏幕上的图像）转换为负片。尽管正片胶片在许多国家 / 地区应用很普遍，但是如果将分色直接打印到胶片上，则可能需要负片。与印刷商核实，确定需要哪一种方式。若要确定药膜的朝向，应在冲洗胶片后于亮光下检查胶片。暗面是药膜，亮面是基面。确定胶片以正片药膜朝上、负片药膜朝上、正片药膜朝下和负片药膜朝下这 4 种方式中的哪一种打印。

（15）【背景】：选择要在页面上的图像区域外打印的背景色。例如，对于打印到胶片记录仪的幻灯片，黑色或彩色背景可能很理想。单击【背景】按钮，然后从拾色器中选择一种颜色。这仅是一个打印选项，它不影响图像本身。

（16）【边界】：在图像周围打印一个黑色边框。输入一个数字并选取单位值，指定边框的宽度。

（17）【出血】：在图像内而不是在图像外打印裁剪标志。使用此按钮可在图形内裁剪图像。输入一个数字并选取单位值，指定出血的宽度。

2. 打印文件

打印中最为直观简单的操作就是【打印一份】命令，可选择【文件】→【打印一份】命令，或按【Alt+Shift+Ctrl+P】组合键打印。

也可以同时打印多份。选择【文件】→【打印】命令，在弹出的【打印】对话框中的【份数】文本框中输入要打印的数值，即可一次打印多份。

牛人干货

1. 常用图像输出要求

喷绘一般是指户外广告画面输出，它输出的画面很大，如高速公路旁的广告牌画面就是喷绘机输出的结果。输出机型有 NRU SALSA 3200、彩神 3200 等，一般是 3.2m 的最大幅宽。喷绘机使用的介质一般都是广告布（俗称灯箱布），墨水使用油性墨水，喷绘公司为保证画面的持久性，一般画面色彩比显示器上的颜色要深一些。它实际输出的图像分辨率一般只需要 30 ～ 45 点 / 英寸（按照印刷要求对比），画面实际尺寸比较大，有上百平方米的面积。

写真一般是指户内使用的，它输出的画面一般只有几平方米大小，如在展览会上厂家使用的广告小画面。输出机型如 HP5000，一般是 1.5m 的最大幅宽。写真机使用的介质一般是 PP 纸、灯片，墨水使用水性墨水。在输出图像完毕后还要覆膜、裱板才算成品，输出分辨率可以达到 300 ～ 1200 点 / 英寸（机型不同，会有不同的分辨率），它的色彩比较饱和、清晰。

2.Adobe Illustrator 和 Photoshop CS6 文件互用

Adobe Illustrator 作为全球著名的矢量图形软件，能够高效、精确地处理大型复杂文件。

（1）Photoshop CS6 是位图设计软件，主要用于图像处理，有许多滤镜和功能可以随心所欲地做出非常绚丽的画面。Adobe Illustrator 是矢量图设计软件，主要用于图片设计，如果要做一个 LOGO，需要"无限大"放大尺寸，Adobe Illustrator 就可以做到，但用 Photoshop CS6 制作出的效果就比较模糊。

（2）将下载的 Adobe Illustrator 源文件拖入 Adobe Illustrator 中完成简单修改。

（3）Adobe Illustrator 与 Photoshop CS6 的存储区别在于，Photoshop CS6 是直接选择【文件】→【存储为】命令，而 Adobe Illustrator 软件则需要选择【文件】→【导出】→【选择文件格式】命令等操作过程。

第5课
图像的查看与辅助工具

在本课中主要讲述如何查看图像、在多个窗口中查看图像、使用标尺、网格和参考线辅助工具等，这些知识虽然是图像操作的基础内容，但却是日常平面设计中较为常用的操作，也是学习后面内容的基础。

5.1 查看图像

极简时光

关键词：查看图像/【导航器】面板/使用【抓手工具】

一分钟

在编辑图像时，常常需要进行放大或缩小窗口的显示比例、移动图像的显示区域等操作，通过对整体的把握和对局部的修改来达到最终的设计效果。Photoshop CS6 提供了一系列的图像查看命令，可以方便地完成这些操作。

1. 使用【导航器】快速查看

【导航器】面板中包含图像的缩略图和各种窗口缩放工具。如果文件尺寸较大，画面中不能显示完整的图像，用户可以通过该面板定位图像的查看区域，这样会更加方便。

01 打开"素材\ch05\5.1-1.jpg"图片，选择【窗口】→【导航器】命令，可以打开【导航器】面板。

02 打开【导航器】面板后，用户单击导航器中的缩小图标△可以缩小图像，单击放大图标△△可以放大图像。用户也可以在左下角的位置直接输入缩放的数值。在导航器缩略窗口中使用【抓手工具】可以改变图像的局部区域。

2. 使用缩放工具调整窗口比例

Photoshop 缩放工具又称为放大镜工具，可以对图像进行放大或缩小。选择【缩放工具】并单击图像时，可以对图像进行放大处理，按住【Alt】键将缩小图像。

选择 Photoshop CS6 工具箱中的【缩放工具】，当鼠标指针变为 形状时，单击想放大的区域。每单击一次，图像便放大至下一个预设百分比，并以单击的点为中心显示。

> **提 示**
>
> 用户使用【缩放工具】拖曳出想要放大的区域，即可对局部区域进行放大。

按住【Alt】键以启动缩小工具（或单击选项栏上的【缩小】按钮 ），当鼠标指针变为 形状时，单击想要缩小的图像区域的中心。每单击一次，图像便缩小至上一个预设百分比。

> **提 示**
>
> 按【Ctrl++】组合键可以以画布为中心放大图像；按【Ctrl+ −】组合键可以以画布为中心缩小图像。

3. 使用【抓手工具】移动画面

当图像尺寸较大，或因使用【放大工具】而不能显示全部图像时，可以使用【抓手工具】移动画面，查看图像的不同区域。

01 打开"素材\ch05\5.1-2.jpg"图片，选择 Photoshop 工具箱中的【抓手工具】按钮 ，此时鼠标指针变成手的形状。按住【Alt】键，单击图像可以缩小窗口；按住【Ctrl】键，单击图像可放大窗口。放大图像后，按住鼠标左键，在图像窗口中拖动即可移动图像。

> **提 示**
>
> 在使用 Photoshop CS6 工具箱中的任何工具时，按住键盘上的【Space】键，按住鼠标左键，在图像窗口中拖动即可移动图像。

02 此时，按住【H】键并单击，窗口会显示全部图像，并出现一个矩形框，将矩形框定位在需要查看的区域，然后松开鼠标按键和【H】键，可以快速放大并转到这一图像区域。

5.2 在多个窗口中查看图像

极简时光

关键词："层叠"排列 /
"在窗口中浮动"排列 /
将所有内容合并到选项卡

一分钟

在使用 Photoshop 作图时，会同时打开多个图像文件，为了操作方便，可以将文档依次排列展开，此时可以通过【窗口】→【排列】命令控制各个文档窗口的排列方式。

选择"素材 \ch05\5.2-1.jpg、5.2-2.jpg、5.2-3.jpg、5.2-4.jpg、5.2-5.jpg、5.2-6.jpg"图片，将其拖曳到 Photoshop 中，然后选择【窗口】→【排列】→【平铺】命令，图片即会以边靠边的方式显示窗口，如下图所示。当关闭其中一个图像时，其他窗口会自动调整大小，以填满可用的空间。

如果将图像文件设置为"层叠"排列，图片将从屏幕的左上角到右下角以堆叠和层叠的方式显示未停放的窗口。

如果将图像文件设置为"在窗口中浮动"排列，图像可以自由浮动，也可以拖曳标题栏移动窗口。而选择"使所有内容在窗口中

浮动"，可使所有图像窗口都浮动，如下图
所示。

如果将其设置为"将所有内容合并到选
项卡"，可以恢复默认的视图状态，即全屏
显示一个图像，其他图像最小化到选项卡中。

另外，打开多个图像，也可以选择【窗
口】→【排列】命令中的【全部垂直拼贴】【全
部水平拼贴】【双联水平】【双联垂直】【三
联水平】【三联垂直】【三联堆积】【四联】
和【六联】命令，进行多个图像的排列。

5.3 使用标尺定位图像

关键词：选择【标尺】
命令 / 更改标尺原点 / 选
择相应的单位

一分钟

利用标尺可以精确地定位图像中的某一
点及创建参考线。

01 打开"素材 \ch05\5.3.jpg"图片。选择【视
图】→【标尺】命令或按【Ctrl+R】组合键，
标尺会出现在当前窗口的顶部和左侧。

02 标尺内的虚线可显示出当前鼠标移动时
的位置。更改标尺原点（左上角标尺上
的（0，0）标志），可以从图像上的特
定点开始度量。在左上角按住鼠标左键，
然后拖曳到特定的位置释放，即可改变
原点的位置。

要恢复原点的位置，只需在左上角
双击即可。

03 标尺原点还决定网格的原点，网格的原点位置会随着标尺的原点位置而改变。默认情况下标尺的单位是厘米，如果要改变标尺的单位，可以在标尺位置右击，在弹出的快捷菜单中选择相应的单位。

5.4 使用【网格】命令显示图像

极简时光

关键词：使用网格／【首选项】对话框／设置网格的大小和颜色

一分钟

网格对于对称地布置图像很有用。

01 选择【视图】→【显示】→【网格】命令或按【Ctrl+"】组合键，即可显示网格，如下图所示的是以直线方式显示的网格。

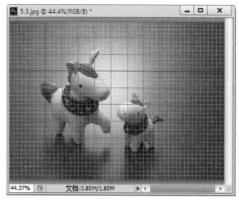

提 示

网格在默认的情况下显示为不打印出来的线条，但也可以显示为点。使用网格可以查看和跟踪图像扭曲的情况。

02 选择【编辑】→【首选项】→【参考线、网格和切片】命令，打开【首选项】对话框，在【参考线】【网格】【切片】等选项区域中设置网格的大小和颜色。也可以存储一幅图像中的网格，然后将其应用到其他的图像中。

选择【视图】→【对齐到】→【网格】命令，然后拖曳选区、选区边框和工具，如

果拖曳的距离小于 8 个屏幕(不是图像)像素，那么它们将与网格对齐。

5.5 使用参考线准确编辑图像

关键词：【新建参考线】
对话框 / 输入参考线数值 / 隐藏参考线

一分钟

参考线是浮在整个图像上但不打印出来的线条。可以移动或删除参考线，也可以锁定参考线，以免不小心移动了它。

01 打开"素材\ch05\5.5.jpg"图片。按【Ctrl+R】组合键显示标尺，此时，将鼠标指针放到水平标尺上，单击并向下拖曳，可拖出水平参考线。向右拖曳，即可拖出垂直参考线。

02 如果要移动参考线，可选择【移动工具】，将鼠标指针放到参考线上，鼠标指针会变成形状，单击并拖曳鼠标即可移动参考线。按【Shift】键并拖曳参考线，可以使参考线与标尺对齐。

03 如果要精确地创建参考线，可以选择【视图】→【新建参考线】命令，打开【新建参考线】对话框，然后输入相应的【水平】和【垂直】参考线数值即可。

04 为了避免在操作中移动参考线，可以选择【视图】→【锁定参考线】命令锁定参考线。按【Ctrl+H】组合键可以隐藏参考线。如果要删除一条参考线，可以使用【移动工具】将参考线拖曳到标尺位置；如果要将图像窗口中的所有参考线全部删除，可以选择【视图】→【清除参考线】命令，一次将图像窗口中的所有参考线全部删除。

牛人干货

在不同的屏幕模式下工作

Photoshop 提供了【屏幕模式】按钮 ⬚，单击该按钮右侧的下拉按钮，可以选择【标准屏幕模式】【带有菜单栏的全屏模式】和【全屏模式】3 个选项来改变屏幕的显示模式，也可以使用【F】键来实现 3 种模式之间的切换。建议初学者使用【标准屏幕模式】。

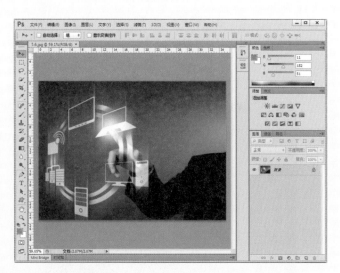

提 示

当工作界面较为混乱时，可以选择【窗口】→【工作区】→【默认工作区】命令恢复到默认的工作界面。

要想拥有更大的画面观察空间，则可使用全屏模式。带有菜单栏的全屏模式如下图所示。

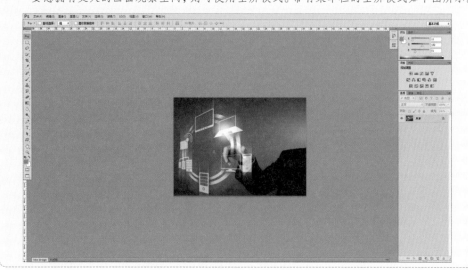

单击【屏幕模式】按钮⬚，选择【全屏模式】选项时，系统会自动弹出【信息】对话框。单击【全屏】按钮，即可转换为【全屏模式】，如下图所示。

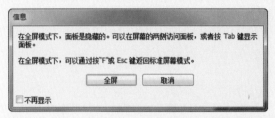

全屏模式如下图所示。显示只有黑色背景，无标题栏、菜单栏和滚动条的全屏窗口。如果要退出【全屏模式】，可以按【Esc】键返回主界面。

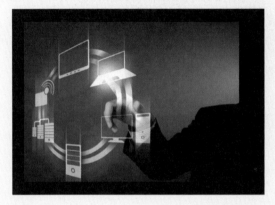

第 6 课
图像的基本调整

使用 Photoshop 编辑和处理图像时，图像大小的调整、画布大小的调整、图像方向的调整及图像的裁剪和变形，都是最为常用的图像调整。本课将主要讲述这些内容的操作技巧。

6.1　调整图像的大小

极简时光

关键词：打开素材 /【图像大小】命令 / 像素大小 / 文档大小 / 更改图像尺寸

一分钟

Photoshop CS6 为用户提供了修改图像大小的功能，用户可以使用【图像大小】对话框来调整图像的像素大小、文档大小和分辨率等参数，让用户在编辑图像时更加方便快捷，具体操作步骤如下。

01 选择【文件】→【打开】命令，打开"素材 \ch06\6.1.jpg"图片。

02 选择【图像】→【图像大小】命令（或按【Alt+Ctrl+I】组合键），系统会打开【图像大小】对话框。

03 在【图像大小】对话框中，可以方便地看到图像的像素大小，以及图像的宽度和高度；【文档大小】选项中包括图像的宽度、高度和分辨率等信息；还可以在【图像大小】对话框中更改图像的尺寸。在【图像大小】对话框中设置【分辨率】为【72像素 / 英寸】，单击【确定】按钮。

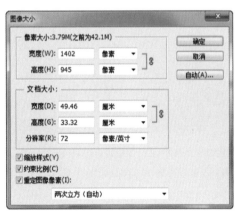

提 示

　　（1）【像素大小】设置区：在此输入【宽度】值和【高度】值。如果要输入当前尺寸的百分比值，应选取【百分比】作为度量单位。图像的新文件大小会出现在【图像大小】对话框的顶部，而旧文件大小则在括号内显示。

　　（2）【约束比例】按钮：如果要保持当前的像素【宽度】和【高度】的比例，则应选中【约束比例】复选框。更改高度时，该选项将自动更新宽度，反之亦然。

　　（3）【重定图像像素】复选框：其下面的下拉列表框中包括【邻近】【两次线性】【两次立方（自动）】【两次立方较平滑】【两次立方较锐利】等选项。

　　①【邻近】：选择此选项，速度快但精度低。建议对包含未消除锯齿边缘的插图使用该选项，以保留硬边缘并产生较小的文件。但是该选项可能导致锯齿状效果，在对图像进行扭曲或缩放时或在某个选区上执行多次操作时，这种效果会变得非常明显。

　　②【两次线性】：一种通过平均周围像素颜色值来添加像素的方法。该方法可生成中等品质的图像。

　　③【两次立方（自动）】：选择此选项，速度慢但精度高，可得到最平滑的色调层次。

　　④【两次立方较平滑】：在两次立方的基础上，适用于放大图像。

　　⑤【两次立方较锐利】：在两次立方的基础上，适用于图像的缩小，用以保留更多在重新取样后的图像细节。

04 改变图像大小后的效果如下图所示。

提 示

　　在调整图像大小时，位图数据和矢量数据会产生不同的结果。位图数据与分辨率有关，因此，更改位图图像的像素大小可能导致图像品质和锐化程度损失。相反，矢量数据与分辨率无关，调整其大小不会降低图像边缘的清晰度。

6.2　调整画布的大小

极简时光

关键词：画布大小 / 设置尺寸 / 画布扩展颜色 / 添加透明画布

一分钟

　　在使用 Photoshop CS6 编辑图像文档时，当图像的大小超过原有画布的大小时，就需要扩大画布的大小，以使图像能够全部显示出来。在 Photoshop CS6 中，所添加的画布有多个背景选项。如果图像的背景是透明的，那么添加的画布也将是透明的。

第 6 课
图像的基本调整

01 打开"素材 \ch06\6.2.jpg"图片，选择【图像】→【画布大小】命令，系统会弹出【画布大小】对话框，即可在【宽度】和【高度】参数框中设置尺寸。

02 单击【画布扩展颜色】后面的小方框，在弹出的【拾色器（画布扩展颜色）】对话框中选择一种颜色作为扩展画布的颜色，然后单击【确定】按钮。

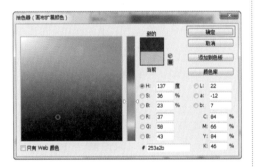

提 示

如果图像背景是透明的，则【画布扩展颜色】选项将不可用，添加的画布也是透明的。

03 返回【画布大小】对话框，单击【确定】按钮，最终效果如下图所示。

6.3 旋转图像的方向

极简时光

关键词： 旋转画布 /【图像旋转】命令 / 选择旋转角度

一分钟

　　在 Photoshop CS6 中用户可以通过【图像旋转】命令来进行旋转画布操作，这样可以将图像调整到需要的角度，具体操作步骤如下。

01 打开"素材 \ch06\6.3.jpg"图片，选择【图像】→【图像旋转】命令，在弹出的子菜单中选择旋转的角度，包括【180 度】【90 度（顺时针）】【90 度（逆时针）】【任意角度】和【水平翻转画布】等操作。

02 如下图所示的图像便是执行【水平翻转画布】命令后的前后效果对比图。

6.4 裁剪图像

极简时光

关键词：裁剪工具／创建裁剪区域／调整定界框／确认裁剪／【裁剪】命令

一分钟

在处理图像时，如果图像的边缘有多余的部分，可以通过裁剪将其修整。常见的裁剪图像的方法有两种：使用【裁剪工具】、使用【裁剪】命令。

1. 使用【裁剪工具】

Photoshop CS6 裁剪工具是将图像中被裁剪工具选取的图像区域保留，将其他区域删除的一种工具。裁剪的目的是移去部分图像，以形成突出或加强构图效果。

01 打开"素材\ch06\6.4-1.jpg"图片，选择工具箱中的【裁剪工具】，在图像中拖曳鼠标创建一个矩形，放开鼠标后即可创建裁剪区域。

02 将鼠标指针移至定界框的控制点上，单击并拖动鼠标调整定界框的大小，也可以进行旋转，按【Enter】键确认裁剪，最终效果如下图所示。

2. 使用【裁剪】命令

使用【裁剪】命令剪裁图像的具体操作步骤如下。

01 打开"素材 \ch06\6.4-2.jpg"图片,使用【选区工具】来选择要保留的图像部分。

02 选择【图像】→【裁剪】命令,即可完成图像的剪裁,按【Ctrl+D】组合键取消选区即可。

6.5 图像的变换与变形操作

极简时光

关键词:图像的变换与变形 /【缩放】命令 / 调整图像的大小和位置 / 调整透视

一分钟

在 Photoshop CS6 中,对图像进行旋转、缩放、扭曲等是图像处理的基本操作。其中,旋转和缩放称为变换操作,斜切和扭曲称为变形操作。在【编辑】→【变换】下拉菜单中包含对图像进行变换的各种命令。通过这些命令可以对选区内的图像、图层、路径和矢量形状进行变换操作,如旋转、缩放、扭曲等,执行这些命令时,当前对象上会显示出定界框,拖动定界框中的控制点便可以进行变换操作。

使用【变换】命令调整图像的具体操作步骤如下。

01 打开"素材 \ch06\6.5-1.jpg 和 6.5-2.jpg"图片,选择【移动工具】,将"6.5-1.jpg"拖曳到"6.5-2.jpg"图片中。

02 选择【编辑】→【变换】→【缩放】命令（或
按【Ctrl+T】组合键）来调整图像的大
小和位置。在定界框内右击，在弹出的
快捷菜单中选择【变形】命令来调整透视。

03 按【Enter】键确认调整，如下图所示。

6.6 图像的恢复操作

极简时光

关键词：还原操作 / 连
续还原 / 逐步撤销操作 /
恢复文件 /【历史记录】
面板

一分钟

在使用 Photoshop CS6 编辑图像过程

中，如果操作出现了失误或对创建的效果不
满意，可以撤销操作，或将图像恢复到最近
保存过的状态，Photoshop CS6 提供了很多
帮助用户恢复操作的功能，有了它们作保证，
用户就可以放心大胆地创作了，下面就介绍
如何进行图像的恢复与还原操作。

1. 还原与重做

在 Photoshop CS6 菜单栏选择【编
辑】→【还原】命令或按【Ctrl+Z】组合键，
可以撤销对图像所作的最后一次修改，将其
还原到上一步编辑状态中。如果想要取消还
原操作，可以在菜单栏中选择【编辑】→【重
做】命令，或按【Shift+Ctrl+Z】组合键。

2. 前进一步与后退一步

在 Photoshop CS6 中【还原】命令只
能还原一步操作，而选择【编辑】→【后退
一步】命令则可以连续还原。连续执行该命
令，或连续按【Alt+Ctrl+Z】组合键，便可
以逐步撤销操作。

选择【后退一步】命令还原操作后，
可选择【编辑】→【前进一步】命令恢复被
撤销的操作，连续执行该命令，或连续按
【Shift+Ctrl+Z】组合键，可逐步恢复被撤销
的操作。

3. 恢复文件

在 Photoshop CS6 中选择【文件】→【恢
复】命令，可以直接将文件恢复到最后一次
保存的状态。

4. 使用【历史记录】面板进行还原操作

在使用 Photoshop 编辑图像时，每进
行一步操作，Photoshop 都会将其记录在【历
史记录】面板中，通过该面板可以将图像恢
复到某一步状态，也可以返回当前的操作状

态，或将当前处理结果创建为快照或创建一个新的文件。下面通过实例介绍如何使用【历史记录】面板进行还原操作。

01 打开"素材 \ch06\6.6.jpg"图片，依次对其执行裁剪图像大小和水平翻转画布的操作，结果如下图所示。

02 如果希望还原操作，通过按【Ctrl+Z】组合键，仅能还原到上一步操作。此时，要想还原两步以上操作，可选择【窗口】→【历史记录】命令，打开【历史记录】面板，单击面板中的"裁剪"，即可恢

复到该步骤时的编辑状态。

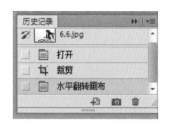

03 单击快照区，可以撤销所有操作，即使中途编辑过程中保存过图像文件，也可以恢复到最初的状态，如下图所示。如果要恢复所有被撤销的操作，可以单击最后一步操作。

🐂 **牛人干货**

裁剪工具使用技巧

01 如果要将选框移动到其他的位置，则可将鼠标指针放在定界框内并拖曳，如果要缩放选框，则可拖动手柄。

02 如果要约束比例，则可在拖曳手柄时按住【Shift】键。如果要旋转选框，则可将鼠标指针放在定界框外（指针变为弯曲的箭头形状）并拖曳。

03 如果要移动选框旋转时所围绕的中心点，则可拖曳位于定界框中心的圆。

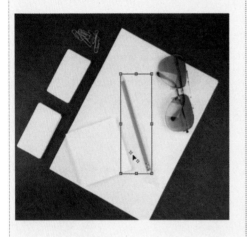

04 如果要使裁剪的内容发生透视，可以右击，在弹出的快捷菜单中选择【透视】选项，并在4个角的定界点上拖曳鼠标，这样内容就会发生透视。如果要提交裁切，可以单击选项栏中的 ✓ 按钮；如果要取消当前裁剪，则可单击 ⊘ 按钮。

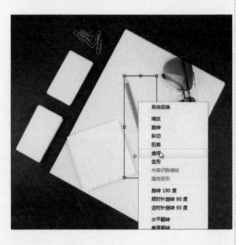

第 7 课
选区的操作技巧

在 Photoshop CS6 中，选区是一个非常重要的概念，选区即是选取一部分图像，用户可以对选中的部分图像进行编辑。本课将介绍选区的操作技巧。

7.1 选区对于学好 Photoshop 很重要

极简时光

关键词：选区 / 图像轮廓 / 填充操作 / 只对选区有效 / 选取工具

一分钟

在 Photoshop 中，选区的重要性不亚于图层，熟悉选区的操作是学会 Photoshop 的根本。选区是什么呢？顾名思义，选区就是选择的区域，用户可对图像选中的部分进行操作。

不过，在对 Photoshop 中的图片进行操作时，当确立了一个选区，所有的操作只对选区内起作用，这样可以精准地对所选区域进行调整，如调整颜色、局部曝光、分离图像等。

选区的作用主要有 3 个，一是选取所需的图像轮廓，以便对选取的图像进行移动、复制等操作；二是创建选区后通过填充等操作形成相应形状的图形；三是选区在处理图像时起着保护选区外图像的作用，约束各种操作只对选区内的图像有效，防止选区外的图像受到影响。如下图所示的是一个简单的人物抠图。

在 Photoshop 中选取工具也是多种多样的，包含了 8 个选取工具，集中在工具箱上部。分别是【矩形选框工具】【椭圆选框工具】【单行选框工具】【单列选框工具】【套索工具】【多边形套索工具】【磁性套索工具】【魔棒工具】。其中前 4 个属于规则选取工具。

7.2 Photoshop 的基本选择工具

极简时光

关键词：矩形选框工具 / 椭圆选框工具 / 单行选框工具 / 单列选框工具

一分钟

创建选区的方法有很多种，下面分别介绍创建选区的常用操作。

1. 使用【选框工具】

【选框工具】包括 4 个工具命令，分别是【矩形选框工具】【椭圆选框工具】【单行选框工具】【单列选框工具】。选择工具箱中的【矩形选框工具】，即可弹出如下图所示的快捷菜单。

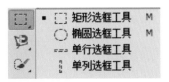

下面表中的各图所示分别为通过不同的选框工具选取的不同的图像效果。

选区命令	作用	选区效果
矩形选框工具	用于创建矩形和正方形选区，如果要绘制正方形选区，按住【Shift】键即可绘制正方形	
椭圆选框工具	用于创建椭圆和圆形选区，如果要绘制圆形选区，按住【Shift】键即可绘制圆形	
单行选框工具	只能创建高度为 1 像素的行	
单列选框工具	只能创建宽度为 1 像素的列	

极简时光

关键词：套索工具 / 多边形套索工具 / 磁性套索工具

一分钟

2. 使用【套索工具】

【套索工具】包括 3 个工具命令，分别是【套索工具】【多边形套索工具】【磁性套索工具】。选择工具箱中的【套索工具】，即可选择其他工具命令，其作用及选区效果如下表所示。

选区命令	作用	选区效果
套索工具	可以在画布上任意地绘制选区，选区没有固定的形状	
多边形套索工具	可以绘制一个边缘规则的多边形选区，适合选择多边形选区	
磁性套索工具	可以智能地自动选取，特别适用于快速选择与背景对比强烈且边缘复杂的对象	

极简时光

关键词：使用【魔棒工具】/ 使用工具快速创建选区

一分钟

3. 使用【魔棒工具】

【魔棒工具】可以快速地建立选区，并且对选区进行一系列的编辑。使用【魔棒工具】可以自动地选择颜色一致的区域，不必跟踪其轮廓，特别适用于选择颜色相近的区域。使用【魔棒工具】建立选区的效果如下图所示。

4. 使用工具快速创建选区

了解了上述常用的 8 个工具后，下面以【椭圆选框工具】为例，介绍如何创建选区。

01 打开"素材 \ch07\01.jpg"图片。

02 选择工具箱中的【椭圆选框工具】。

03 在图像画面边缘拖曳鼠标，创建一个椭圆选区。

7.3 选区的基本操作

极简时光

关键词：全选 / 反选 / 取消选择 / 重新选择 / 选区运算 / 移动选区

一分钟

了解了基本选择工具，下面介绍选区的基本操作，以便为深入学习选择方法打下基础。

1. 全选和反选

打开"素材\ch07\02.jpg"图片，选择【选择】→【全部】命令，或按【Ctrl+A】组合键，可以选择当前文档边界中的全部图像，如下图所示。

如果需要复制整个图像，可以使用【全选】命令，再按【Ctrl+C】组合键即可复制。如果文档中包含多个图层，则按【Shift+Ctrl+S】组合键进行复制。

如果创建选区后，选择【选择】→【反选】命令或按【Shift+Ctrl+I】组合键，可以反选选区。使用【魔棒工具】选择背景，用【反选】命令反选选区，将对象选中，如下图所示。

创建选区

反选选区

2. 取消选择和重新选择

如果要取消当前选区，可以选择【选择】→【取消选择】命令或按【Ctrl+D】组合键，即可取消选择。如果要恢复被取消的选区，可以选择【选择】→【重新选择】命令。

3. 选区运算

选区运算是指在存在选区的情况下，使用选框工具、套索工具和魔棒工具等创建选区时，新选区与现有选区之间进行运算。有时，在对图像进行选取时，很难完全选中所需选区，此时，就需要通过运算来对选区进行完善。工具选项栏中的选区运算按钮如下图所示。

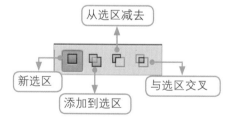

（1）【新选区】 ：单击该按钮后，如果图像中没有选区，可以创建一个选区；如果图像中有选区，则新创建的选区会替换原有的选区。打开"素材 \ch07\03.jpg"图片，创建一个矩形选区，如下图所示。

（2）【添加到选区】 ：单击该按钮后，可在原有的选区基础上添加新的选区，如下图所示。

（3）【从选区减去】 ：单击该按钮后，可在原有选区中减去新创建的选区，如下图所示。

（4）【与选区交叉】 ：单击该按钮后，画面中保留原有选区与新选区的相交部分，如下图所示。

4. 移动选区

使用【矩形选框工具】【椭圆选框工具】创建选区时,在放开鼠标按键时,按住【Space】键,即可移动选区。在创建选区以后,如果【新选区】按钮 ⬚ 为选择状态,则使用【选框工具】【套索工具】和【魔棒工具】时,只要将鼠标指针放在选区内,单击并拖曳鼠标即可移动选区。

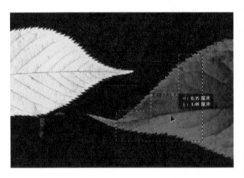

7.4 修改选区

极简时光

关键词: 扩大选取 / 选择相邻像素 / 选取相似 / 选择所有相近像素 / 变换选区

一分钟

用户创建了选区后,有时需要对选区进行深入编辑,才能使选区符合要求。【选择】下拉菜单中的【扩大选取】【选取相似】和【变换选区】命令可以对当前的选区进行扩展、收缩等编辑操作。

1. 扩大选取

使用【扩大选取】命令可以选择所有和现有选区颜色相同或相近的相邻像素。

01 打开"素材 \ch07\04.jpg"图片,选择【矩形选框工具】 ⬚ ,在草莓中创建一个矩形选框。

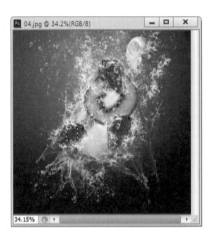

02 选择【选择】→【扩大选取】命令。

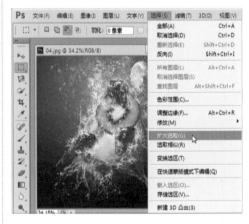

03 即可看到与矩形选框内颜色相近的相邻像素都被选中。可以多次执行此命令，直至选择了合适的范围为止。

2. 选取相似

用户使用【选取相似】命令可以选择整个图像中的与现有选区颜色相邻或相近的所有像素，而不只是相邻的像素。

01 继续上面的实例。选择【矩形选框工具】，在草莓上创建一个矩形选区。

02 选择【选择】→【选取相似】命令。

03 这样包含于整个图像中的与当前选区颜色相邻或相近的所有像素就都会被选中。

3. 变换选区

使用【变换选区】命令可以对选区的范围进行变换。

01 打开"素材\ch07\05.jpg"图片，选择【矩形选框工具】，在其中一张便签纸上用鼠标拖移出一个矩形选框。

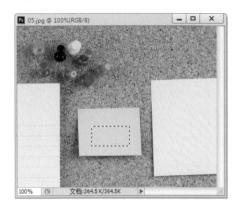

02 选择【选择】→【变换选区】命令，或在选区内右击，从弹出的快捷菜单中选择【变换选区】命令。

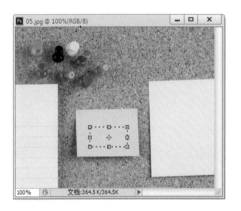

03 按住【Ctrl】键来调整节点以完整而准确地选取蓝色便签纸区域，然后按【Enter】键确认。

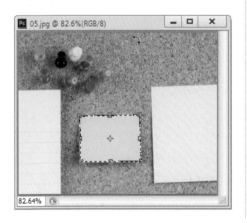

7.5 存储和载入选区

极简时光

关键词：存储选区 /【通道】面板 / 通道文件 / 载入选区

一分钟

选区创建之后，用户可以对需要的选区进行管理，具体操作步骤如下。

1. 存储选区

使用【存储选区】命令可以将制作好的选区进行存储，方便下一次操作。

01 打开"素材 \ch07\06.jpg"图片，然后选择香蕉的选区。

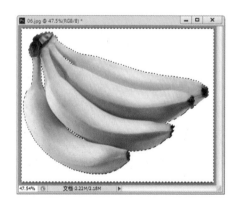

提 示

这里使用【魔棒工具】先选择白色的背景区域，然后使用【反选】命令即可。

02 选择【选择】→【存储选区】命令。

03 弹出【存储选区】对话框。在【名称】文本框中输入"香蕉选区"，然后单击【确定】按钮。

04 此时在【通道】面板中就可以看到新建立的一个名为【香蕉选区】的通道。

05 如果在【存储选区】对话框中的【文档】下拉列表框中选择【新建】选项，那么就会出现一个新建的【存储文档】通道文件。

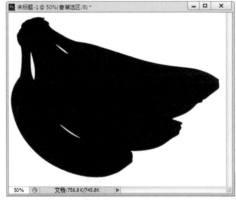

2. 载入选区

将选区存储好以后，就可以根据需要随时载入保存好的选区。

01 继续上面的操作步骤，当需要载入存储好的选区时，可以选择【选择】→【载入选区】命令，打开【载入选区】对话框。

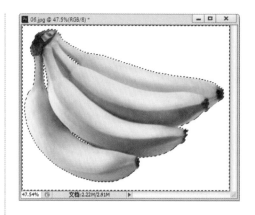

02 此时在【通道】下拉列表框中会出现已
经存储好的通道的名称——香蕉选区,
然后单击【确定】按钮即可。如果选择
相反的选区,可选中【反相】复选框。

🐂 牛人干货

1. 使用【橡皮擦工具】配合【磁性套索工具】选取照片中的人物

使用【橡皮擦工具】配合【磁性套索工具】选取照片中的人物的具体
操作步骤如下。

01 打开 "素材 \ch07\07.jpg" 图片。选择【磁
性套索工具】,在图像中创建如下图所
示的选区。

02 选择【选择】→【反选】命令,反选
选区。

03 双击将背景图层转换为普通图层，选择
【编辑】→【清除】命令，按【Ctrl+D】
组合键取消选区。清除反选选区后如下
图所示。

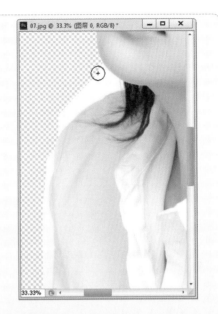

04 选择【背景橡皮擦工具】，在选项
栏中设置各项参数，在人物边缘单击。

05 将背景边缘清除干净后，人物就抠取出
来了。

2.最精确的抠图工具——钢笔工具

方法意图：使用鼠标逐一放置边界点来抠图。

方法缺陷：速度比较慢。

使用方法如下。

（1）使用【套索工具】建立粗略路径。

①使用【套索工具】粗略圈出图形的外框。

②右击，在弹出的快捷菜单中选择【建立工作路径】选项，容差值一般输入"2"。

（2）使用【钢笔工具】细调路径。

①选择【钢笔工具】，并在【钢笔工具】选项栏中选择第二项"路径"图标。

②按住【Ctrl】键不放，用鼠标单击各个节点（控制点），拖动改变位置。

③每个节点都有两个弧度调节点，调节两节点之间的弧度，使线条尽可能地贴近图形边缘，这是光滑的关键步骤。

④增加节点：如果节点不够，可以松开【Ctrl】键，用鼠标在路径上单击来增加节点。

⑤删除节点：如果节点过多，可以松开【Ctrl】键，将鼠标指针移到节点上，鼠标指针旁边出现"－"号时，单击该节点即可删除。

（3）右击，在弹出的快捷菜单中选择【建立选区】选项，羽化值一般输入"0"。

①按【Ctrl+C】组合键复制该选区。

②新建一个图层或文件。

③在新图层中，按【Ctrl+V】组合键粘贴该选区即可。

④按【Ctrl+D】组合键取消选区。

第 8 课
Photoshop 抠图实战

初学者往往认为抠图不好掌握，其实抠图并不难，只要用户有足够的耐心和细心，熟练地使用选取技巧，就能完美地抠出图片。本课将主要介绍如何进行图片抠图。

8.1 认识抠图

极简时光

关键词：后期合成 / 抠图 /
删掉背景 / 新的背景图

一分钟

"抠图"是 Photoshop 图像处理中常用的操作之一。将图像中需要的部分从画面中精确地提取出来，就称为抠图，抠图是后续图像处理的重要基础，主要功能是为后期的合成做准备。方法有套索工具、选框工具直接选择，快速蒙版、钢笔勾画路径后转为选区，抽出滤镜，外挂滤镜抽出，通道，计算等。抠图又称去背或退底。

抠图是指把前景和背景分离的操作，当然什么是前景和背景，取决于操作者。例如，下图是一幅人像图，使用【魔棒工具】或其他工具把人物部分选取出来，删掉背景，然后将新的背景图置于当前图像中，就是简单的抠图。

影像中也有抠图一说，或称为键控。拍摄电影时人物在某种单色背景前活动（如蓝或绿），后期制作中用工具把背景色去掉，换上人为后期制作的场景，就可合成各种特殊场景或特技。

8.2 使用快速选择工具抠图

极简时光

关键词：打开素材 / 快速
选择工具 / 删减选区 / 移
动工具

一分钟

快速选择工具能够利用可调整的圆形画笔笔尖快速涂抹出选区。在拖动鼠标时，选区会向外扩展并自动查找和跟随图像中定义的边缘，使用其进行抠图的具体操作步骤如下。

01 打开"素材 \ch08\01.jpg"图片。

02 单击工具箱中的【快速选择工具】按
钮，把鼠标指针放在需要选择的小熊
区域并拖曳出小熊的造型。如果有些背
景被选中，可以按【Alt】键或单击【从
选区减去】按钮，单击并拖动鼠标，
可将多余的选区删减掉。此时即可使用
【移动工具】将其移动到其他文档中。

提 示

【快速选择工具】的选项栏如下图
所示。

【选区运算】按钮：单击【新选区】
按钮，可以创建一个新选区；单击【添
加到选区】按钮，可以在当前选区的
基础上添加绘制选区；单击【从选区减去】
按钮，可以在当前选区的基础上减去
绘制选区。

【画笔选项】：单击┃▼┃按钮，可在
打开的下拉面板中设置画笔的大小、硬
度和间距。

【对所有图层取样】：可基于当前
文件下所有图层创建选区。

【自动增强】：可以减少选区边界
的粗糙度和块效应。【自动增强】选项
会自动将选区向图像边缘进一步流动并
应用一些边缘调整。在【属性】对话框中，
可以手动调整这些边缘。

8.3 使用【魔棒工具】抠图

极简时光

关键词：打开素材 / 魔棒
工具 / 容差 /【反选】命
令 / 移动工具 / 调整图像
大小

一分钟

相比快速选择工具，【魔棒工具】
使用起来要简单得多，只需在图像上单击，
即可选择与单击点色调相似的像素。当背景
颜色变化不大，需要选取的对象轮廓清楚、
与背景颜色有一定的差异时，该工具才最为
便捷，否则很难有效果。

01 打开"素材\ch08\02.jpg"图片。

02 单击工具箱中的【魔棒工具】按钮，在工具选项栏中将【容差】设置为【20】，在背景上单击选择背景选区，按住【Shift】键在背景上单击，将未选中的背景添加到选区中。

【魔棒工具】的选项栏如下图所示。

03 按【Shift+Ctrl+I】组合键，执行【反选】命令，选中人体。

04 使用【移动工具】将其拖曳到"素材\ch08\03.psd"图片中，然后调整图像大小及其位置，最终效果如下图所示。

（1）【容差】文本框：容差是颜色取样时的范围。数值越大，允许取样的颜色偏差就越大，数值越小，取样的颜色就越接近纯色。在【容差】文本框中可以设置色彩范围，输入范围为0~255，单位为"像素"。

容差: 10   容差: 50   容差: 100

（2）【消除锯齿】复选框：用于消除选区边缘的锯齿。若要使所选图像的边缘平滑，可选中【消除锯齿】复选框。

（3）【连续】复选框：用于选择相邻的区域。若选中【连续】复选框，则只能选择具有相同颜色的相邻区域。

若取消选中【连续】复选框，则可使具有相同颜色的所有区域图像都被选中。

（4）【对所有图层取样】复选框：当图像中含有多个图层时，选中该复选框，将对所有可见图层的图像起作用，取消选中时，【魔棒工具】只对当前图层起作用。如果图片不止一个图层，则可选中【对所有图层取样】复选框。

8.4 使用【色彩范围】命令抠图

【色彩范围】命令可以根据图像的颜色范围创建选区，它与【魔棒工具】有相似之处，但是它拥有较多的控制选项，图像的选择更为精确。

01 打开"素材 \ch08\04.jpg"图片。

02 选择【选择】→【色彩范围】命令，打开【色彩范围】对话框。选中【选择范围】单选按钮，并使用滑块或者直接在【颜色

容差】文本框中设置值为【172】，使用【吸管工具】单击图像，对图像中想要的区域进行取样，然后单击【确定】按钮。

03 返回工作界面，即可看到被选中的对象，如下图所示。

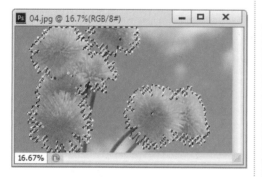

8.5 使用【多边形套索工具】抠图

极简时光

关键词：打开素材 / 套索工具 / 多边形套索工具 / 移动工具 / 调整图像大小 / 设置不透明度

一分钟

【多边形套索工具】是一个简单、实用的选区创建工具，在选取边缘不确定或边缘由直线组成的图像时非常方便。

01 打开"素材 \ch08\05.jpg、06.jpg"图片。

02 单击工具箱中的【套索工具】右下角的下拉按钮，选择【多边形套索工具】，使用该工具在图像上建立选区，如下图所示。

03 使用【移动工具】，将其拖曳到"06. jpg"图片中，并按【Ctrl+T】组合键，调整图片大小，使其正好覆盖白色大门。

04 再次复制选区到"06.jpg"图片中，并按【Ctrl+T】组合键，将该选区设置为【垂直翻转】，并移动它至合适位置。按【F7】键打开【图层】面板，将当前图层【不透明度】设置为"50%"。

提 示

复制相同图层，可以使用【复制图层】命令，不需再次拖曳图片到目标图片中，可通过第 11 课的内容进行掌握。

05 调整完成后，最终效果如下图所示。

01 打开"素材 \ch08\07.jpg"图片。

牛人干货

复杂头发的抠取技巧

　　面对一些头发比较复杂的人物照片，仅仅靠上述的方法，很难精确地抠取，此时需要借助通道工具（本书第 19 课讲解），可以精确地抠出很好的效果。

02 选择【图像】→【计算】命令，打开【计算】对话框。在【源 1】的【通道】下拉列表中选择【蓝】选项，并选中【反相】复选框；在【源 2】的【通道】下拉列表中选择【灰色】选项，并选中【反相】复选框。然后将【混合】设置为【相加】，并在【补偿值】文本框中输入【-100】，单击【确定】按钮，如下图所示。

03 在【通道】面板中即会出现【Alpha 1】通道。

04 选择【图像】→【调整】→【色阶】命令，打开【色阶】对话框，在【通道】下拉列表中选择【Alpha 1】选项，滑动滑块，使人物发丝边缘更细致，单击【确定】按钮。

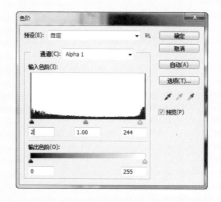

05 返回图片中，即可看到黑白对比效果。

06 使用【画笔工具】，设置背景色为白色，擦除人物轮廓中的黑灰色区域。

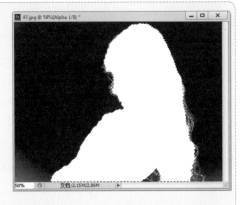

08 按【Ctrl+J】组合键，复制选区生成新图层为【图层1】，隐藏原始图层，即可得到细致的人物抠图。

07 在【通道】面板中单击【将通道作为选区载入】按钮，即可生成人物选区。

图像色彩的调整

色彩是事物外在的一个重要特征，不同的色彩可以传递不同的信息，带来不同的感受。成功的设计师应该有很好的驾驭色彩的能力，Photoshop CS6 提供了强大的色彩设置功能。本课将介绍如何在 Photoshop CS6 中随心所欲地进行颜色的调整。

9.1 设置图像的前景色和背景色

极简时光

关键词：前景色和背景色 /【拾色器（背景色）】对话框

一分钟

在编辑图像时，其处理结果与当前设置的前景色和背景色有着密切的联系，背景色表示【橡皮擦工具】所表示的颜色，简单地说，背景色就是纸张的颜色，前景色就是画笔画出的颜色。在 Photoshop 中，使用前景色来绘画、填充和描边选区，使用背景色来生成渐变填充和在图像已擦除的区域中填充。另外，一些特殊效果滤镜也需要使用前景色和背景色。

在默认情况下，前景色为黑色，背景色为白色。单击【切换前景色和背景色】图标↰或按【X】键，可以快速切换前景色和背景色。当修改了前景色和背景色后，可以单击【默认前景色和背景色】按钮▮或按【D】键，快速恢复到默认的颜色。

默认前景色和背景色 —— ┐ ┌—— 切换前景色和背景色
设置前景色 —————┘ └—— 设置背景色

下面我们通过操作来介绍如何设置前景色和背景色。

01 打开"素材 \ch09\9.1.jpg"图片，使用【魔棒工具】选择要填充的选区，如下图所示。

02 单击工具箱中的【设置背景色】图标，打开【拾色器（背景色）】对话框，选中【H】单选按钮，并设置颜色为（R：220，G：220，B：220），然后单击【确定】按钮。

03 此时，【设置背景色】图标变为【灰色】，按【Ctrl+Delete】组合键即可将灰色填充至当前所选选区，然后按【Ctrl+D】组合键取消选区即可，如下图所示。

如果要将所选选区填充为前景色，可按【Alt+Delete】组合键进行填充。

除了使用【拾色器】对话框外，用户还可以使用【颜色】和【色板】面板设置前景色和背景色。

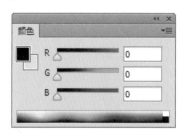

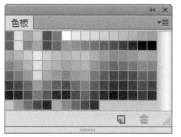

9.2 使用【拾色器】对话框设置颜色

关键词：HSB 色彩模型 / 拾色器 / 调整饱和度和明度 / 色值 / 颜色预览框

一分钟

单击工具箱中的【设置前景色】或【设置背景色】图标，即可打开【拾色器】对话框，在拾色器中，可以选择基于 HSB（色相、饱和度、明度）、RGB（红色、绿色、蓝色）、CMYK（青色、洋红色、黄色、黑色）、Lab 等颜色模型来设定颜色。

通常使用 HSB 色彩模型，因为它是以人们对色彩的感觉为基础的。它把颜色分为色相、饱和度和明度 3 个属性，这样便于观察。

Adobe 拾色器中的色域将显示 HSB 颜色模式、RGB 颜色模式和 Lab 颜色模式中的颜色分量。如果用户知道所需颜色的数值，则可以在文本框中输入该数值。也可以使用颜色滑块和色域来预览要选取的颜色。在使用色域和颜色滑块调整颜色时，对应的数值会相应地调整。颜色滑块右侧的颜色框中的上半部分将显示调整后的颜色，下半部分将显示原始颜色。

下面介绍如何使用拾色器设置颜色。

01 设定色相。单击工具箱中的【设置前景色】按钮，打开【拾色器（前景色）】对话框，在设置颜色时可以拖曳彩色条两侧的三角滑块来设置色相。

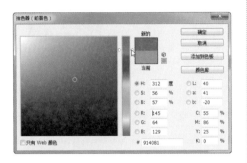

02 调整饱和度和明度。在【拾色器（前景色）】对话框的颜色框中单击（这时鼠标指针变为一个圆圈），来确定饱和度和明度。

如果知道所需颜色的色值，可以直接在颜色模式的文本框中输入数值。另外，在【拾色器（前景色）】对话框中的上方有一个颜色预览框，分为上下两个部分，上边代表新设置的颜色，下边代表原来的颜色，这样便于进行对比。如果在它的旁边出现了感叹号，则表示该颜色无法被打印。

9.3 使用【颜色】面板设置颜色

【颜色】面板显示当前前景色和背景色的颜色值。使用【颜色】面板中的滑块，可以利用几种不同的颜色模式来编辑前景色和背景色。也可以从显示在面板底部的四色曲线图的色谱中选取前景色或背景色。

01 用户可以通过选择【窗口】→【颜色】命令或按【F6】键，调出【颜色】面板，在 R、G、B 文本框中输入数值或拖曳滑块调整颜色，当鼠标指针放在面板下面的四色曲线图上时，指针会变为吸管状，单击鼠标可以采集色样。

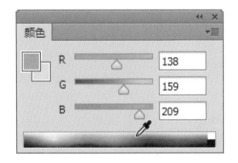

02 在设置颜色时单击 按钮，在弹出的面板菜单中选择合适的色彩模式和色谱。

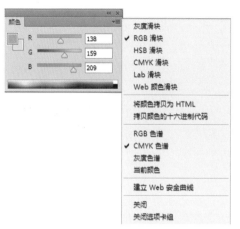

（1）CMYK 滑块：在 CMYK 颜色模式（PostScript 打印机使用的模式）中指定每个图案值（青色、洋红色、黄色和黑色）的百分比。

（2）RGB 滑块：在 RGB 颜色模式（监视器使用的模式）中指定 0 ~ 255（0 为黑色，255 为纯白色）的图像值。

（3）HSB 滑块：在 HSB 颜色模式中指定饱和度和明度的百分数，指定色相为一个与色轮上位置相关的 0° ~ 360° 的角度。

（4）Lab 滑块：在 Lab 模式中输入 0 ~ 100 的亮度值（L）和从绿色到洋红色的值（－128 ~ ＋127）及从蓝色到黄色的值。

（5）Web 颜色滑块：Web 安全颜色是浏览器使用的 256 种颜色，与平台无关。在 8 位屏幕上显示颜色时，浏览器会将图像中的所有颜色更改为这些颜色，这样可以确保为 Web 准备的图片在 256 色的显示系统上不会出现仿色。可以在文本框中输入颜色代号来确定颜色。

9.4 使用【色板】面板设置颜色

极简时光

关键词：【色板】面板 / 单击颜色样本 /【删除色板】按钮 / 选择颜色库

一分钟

　　【色板】面板可存储用户经常使用的颜色，也可以在面板中添加或删除颜色，或为不同的项目显示不同的颜色库。

01 选择【窗口】→【色板】命令，即可打开【色板】面板，如下图所示。【色板】面板中的颜色是预先设置好的，单击其中的任一颜色样本，可以将它设置为前景色。当按【Ctrl】键并单击时，可将其设置为背景色。

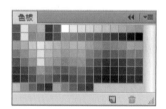

02 单击【色板】面板中的【创建前景色的新面板】按钮，可以将当前设置的前景色保存到面板中。如果要删除其中某个颜色样本，可以将其拖曳到【删除色板】按钮 上进行删除。

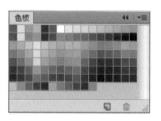

03 如果当前【色板】面板不能满足设计需求，可以单击■按钮，打开【色板】面板菜单，在面板菜单中选择所需要的颜色库，如左下图所示。选择一种颜色库后，在弹出的提示对话框中单击【确定】按钮即可，如右下图所示。

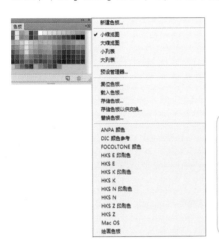

提 示

如果单击【追加】按钮，可以在原有的颜色库中追加载入的颜色。如果希望面板复位到默认状态，可以选择【色板】面板菜单中的【复位色板】命令。

9.5 使用【渐变工具】填充颜色

极简时光

关键词：渐变工具 / 渐变方式 / 线性渐变 / 径向渐变 / 角度渐变 / 对称渐变 / 菱形渐变

一分钟

Photoshop CS6【渐变工具】用来填充渐变色，如果不创建选区，【渐变工具】将作用于整个图像。此工具的使用方法是按住鼠标左键拖曳，形成一条直线，直线的长度和方向决定了渐变填充的区域和方向，拖曳鼠标的同时按住【Shift】键，可保证鼠标的方向为水平、竖直或45°。

选择【渐变工具】后的选项栏如下图所示。

（1）【点按可编辑渐变】：选择和编辑渐变的色彩是【渐变工具】较重要的部分，通过它能够看出渐变的情况。

（2）渐变方式包括线性渐变、径向渐变、角度渐变、对称渐变和菱形渐变5种。

①【线性渐变】：从起点到终点颜色在一条直线上过渡。

②【径向渐变】：从起点到终点颜色按圆形向外发散过渡。

③【角度渐变】：从起点到终点颜色做顺时针过渡。

④【对称渐变】：从起点到终点颜色在一条直线上做两个方向的对称过渡。

⑤【菱形渐变】：从起点到终点颜色按菱形向外发散过渡。

（3）【模式】下拉列表：用于选择填充时的色彩混合方式。

（4）【反向】复选框：用于决定掉转渐变色的方向，即把起点颜色和终点颜色进行交换。

（5）【仿色】复选框：选中此复选框会添加随机杂色，以平滑渐变的效果填充。

（6）【透明区域】复选框：只有选中此复选框，不透明度的设置才会生效，包含透明的渐变才能被体现出来。

牛人干货

使用【吸管工具】设置颜色

【吸管工具】采集色样以指定新的前景色或背景色。用户可以在现用图像或屏幕上的任何位置采集色样。选择【吸管工具】，在所需要的颜色上单击，可以把同一图像中不同部分的颜色设置为前景色，也可以把不同图像中的颜色设置为前景色。

【吸管工具】的选项栏如下图所示。

（1）【取样大小】：单击【取样大小】列表框后面的下拉按钮，在弹出的下拉菜单中，选择吸取颜色的范围，如下图所示。

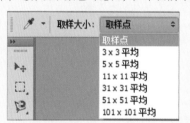

（2）【样本】下拉列表：如果一个图像文件有很多图层，【所有图层】表示在 Photoshop CS6 图像中单击取样点，取样得到的颜色作用于所有的图层，如下图所示。

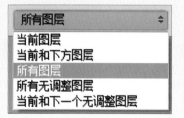

（3）显示取样环：选中【显示取样环】复选框，在 Photoshop CS6 图像中单击取样点时出现取样环，如下图所示。

① 处所指为当前取样点的颜色。

② 处所指为上一次取样点的颜色。

第 10 课

图像色调的高级调整

Photoshop CS6 提供了强大的色彩设置功能。本课将介绍如何在 Photoshop CS6 中进行高级颜色的调整。

10.1 调整图像的色阶

极简时光

关键词：调整图像色阶 /
【预设】下拉列表 / 阴影
滑块 / 输入色阶 / 高光滑
块 / 吸管工具

一分钟

在 Photoshop CS6 中【色阶】命令通过调整图像的暗调、中间调和高光的亮度级别来校正图像的影调，包括反差、明暗和图像层次，以及平衡图像的色彩。在 Photoshop CS6 菜单栏选择【图像】→【调整】→【色阶】命令（或按【Ctrl+L】组合键），打开【色阶】对话框。

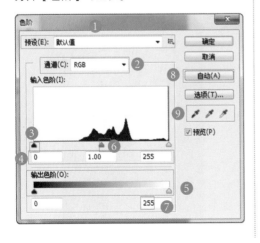

① 【预设】下拉列表：在【预设】下拉列表中 Photoshop CS6 自带了几个调整预设，可以直接选择该选项对图像进行调整。单击【预设】列表框右侧的下拉按钮，弹出包含存储、载入和删除当前预设选项的下拉列表，可以自定预设选项并进行编辑。利用此下拉列表可根据 Photoshop 预设的色彩调整选项对图像进行色彩调整。

② 【通道】下拉列表：在【通道】下拉列表中可以选择所要进行色调调整的颜色通道，可以分别对每个颜色通道进行调整，也可以同时编辑两个单色颜色通道。

③ 阴影滑块：用户向右拖动该滑块，可以增大图像的暗调范围，使图像显得更暗。同时拖曳的程度会在【输入色阶】最左边的方框中得到量化。

④ 【输入色阶】：通过调整输入色阶下方对应的滑块，可以调整图像的亮度和对比度；向左调整滑块可增加图像亮度，反之则降低图像亮度。在【输入色阶】参数框中，可以通过调整暗调、中间调和高光的亮度级别来分别修改图像的色调范围，以提高或降低图像的对比度。可以在【输入色阶】参数框中输入目标值，这种方法比较精确，但直观性不好。以输入色阶直方图为参考，通过拖曳 3 个【输入色阶】滑块来调整，可使色调的调整更为直观。

⑤ 输出色阶：可以限制图像的亮度范围，降低对比度，使图像呈现褪色效果。

⑥ 中间调滑块：左右拖曳此滑块，可以增大或减小中间色调范围，从而改变图像的对比度。其作用与在【输入色阶】中间的参数框中输入数值相同。

⑦ 高光滑块：向左拖曳此滑块，可以增大图像的高光范围，使图像变亮。高光的范围会在【输入色阶】最右侧的参数框中显示。

⑧【自动】按钮：单击【自动】按钮，可以将高光和暗调滑块自动地移动到最亮点和最暗点。

⑨ 吸管工具：使用【设置黑场吸管】/在图像中单击，所单击的点定为图像中最暗的区域，也就是黑色，比该点暗的区域都变为黑色，比该点亮的区域相应地变暗，用于完成图像中黑场、灰场和白场的设置；使用【设置灰场吸管】/可以根据点像素的亮度来调整其他中间色调的平均亮度；使用【设置白场吸管】/完成的效果则正好与【设置黑场吸管】的作用相反。

下面通过调整图像的对比度来学习【色阶】命令的使用方法。

01 打开"素材 \ch10\10.1.jpg"图片。

02 选择【图像】→【调整】→【色阶】命令，弹出【色阶】对话框。

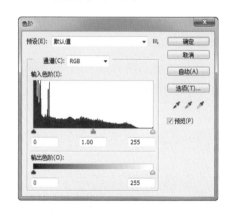

03 调整中间调滑块，使图像的整体色调的亮度有所提高，调整参数如下图所示。

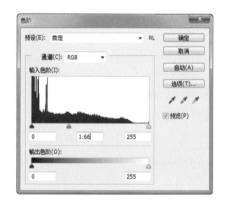

04 最终效果如下图所示。

10.2 调整图像的亮度 / 对比度

使用【亮度 / 对比度】命令，可以对图
像的亮度和对比度进行直接的调整，与【色
阶】命令和【曲线】命令不同的是，【亮度
/ 对比度】命令不考虑图像中各通道颜色，而
是对图像进行整体的调整。

选择【亮度 / 对比度】命令，可以对图
像的色调范围进行简单的调整，具体操作步
骤如下。

01 打开"素材 \ch10\10.2.jpg" 图片。选择【图
像】→【调整】→【亮度 / 对比度】命令。

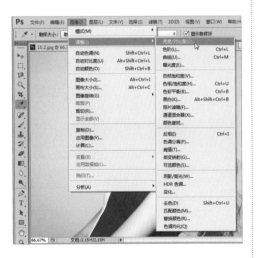

02 弹出【亮度 / 对比度】对话框，设置【亮
度】为【-70】，【对比度】为【100】。

03 单击【确定】按钮，得到最终图像效果，
如下图所示。

10.3 调整图像的色彩平衡

使用【色彩平衡】命令可以更改图像的
总体颜色混合，并且在暗调区、中间调区和
高光区通过控制各个单色的成分来平衡图像
的色彩。

在使用【色彩平衡】命令前要了解互补色的概念，这样可以更快地掌握【色彩平衡】命令的使用方法。所谓"互补"，就是 Photoshop CS6 图像中一种颜色成分的减少，必然导致它的互补色成分的增加，绝不可能出现一种颜色和它的互补色同时增加的情况；另外，每一种颜色可以由它的相邻颜色混合得到。例如，绿色的互补色洋红色是由绿色和红色重叠混合而成的，红色的互补色青色是由蓝色和绿色重叠混合而成的。

1.【色彩平衡】参数设置

选择【图像】→【调整】→【色彩平衡】命令，即可打开【色彩平衡】对话框。

【色彩平衡】设置区：可将其中的滑块拖曳至要在图像中增加的颜色，或将滑块拖离要在图像中减少的颜色。利用上面提到的互补性原理，即可完成对图像色彩的平衡。

【色阶】：可将滑块拖向要增加的颜色，或将滑块拖离要在图像中减少的颜色。

【色调平衡】：通过选中【阴影】【中间调】和【高光】单选按钮，可以控制图像不同色调区域的颜色平衡。

【保持明度】：选中此复选框，可以防止图像的亮度值随着颜色的更改而改变。

2. 使用【色彩平衡】命令调整图像

01 打开"素材 \ch10\10.3.jpg"图片，按【Ctrl+B】组合键，打开【色彩平衡】

对话框，在【色阶】参数框中依次输入【-15】【-45】和【20】。

02 单击【确定】按钮，得到最终图像效果，如下图所示。

10.4 调整图像的曲线

极简时光

关键词：调整图像 /【通道】下拉列表 / 光谱条 /【曲线】对话框

一分钟

使用【曲线】命令可以综合调整图像的亮度、对比度和色彩，使画面色彩显得更为协调；因此，曲线命令实际是【色调】【亮度 / 对比度】设置的综合使用。

Photoshop 可以调整图像的整个色调范

围及色彩平衡。但它不是通过控制 3 个变量
（阴影、中间调和高光）来调节图像的色调，
而是对 0 ~ 255 色调范围内的任意点进行精
确调节。同时，也可以选择【图像】→【调
整】→【曲线】命令对个别颜色通道的色调
进行调节，以平衡图像色彩。

（1）【预设】：在【预设】下拉列表中，
可以选择 Photoshop 中提供的一些设置好的
曲线。

（2）【通道】下拉列表：若要调整图
像的色彩平衡，可以在【通道】下拉列表中
选择所要调整的通道，然后对图像中的某一
个通道的色彩进行调整。

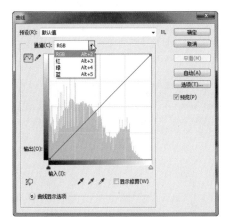

（3）【输入】：显示 Photoshop 原来
图像的亮度值，与色调曲线的水平轴相同。

（4）【输出】：显示 Photoshop 图像
处理后的亮度值，与色调曲线的垂直轴相同。

（5）【编辑点以修改曲线】：此工
具可在图表中各处添加节点而产生色调曲线
在节点上按住鼠标左键并拖动可以改变节点
位置，向上拖动时色调变亮，向下拖动时则
变暗（如果需要继续添加控制点，只要在曲
线上单击即可；如果需要删除控制点，只要
拖动控制点到对话框外即可）。

（6）【通过绘制来修改曲线】：选

择该工具后，鼠标指针变成铅笔指针形状，
可以在图表区中绘制所要的曲线，如果要将
曲线绘制为一条线段，可以按住【Shift】键，
在图表中单击定义线段的端点。按住【Shift】
键单击图表的左上角和右下角，可以绘制一
条反向的对角线，这样可以将图像中的颜色
像素转换为互补色，使图像变为反色；单击
【平滑】按钮可以使曲线变得平滑。

使用工具可以在曲线缩略图中手动绘
制曲线。

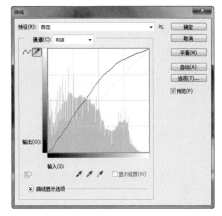

为了精确地调整曲线，可以增加曲线后
面的网格数，按住【Alt】键单击缩略图。

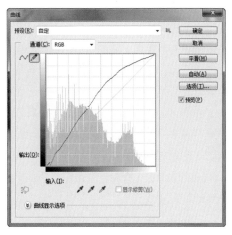

（7）光谱条：拖动光谱条下方的滑块，
可在黑色和白色之间切换。

（8）曲线：水平轴（输入色阶）代表原图像中像素的色调分布，初始时分成了 5 个带，从左到右依次是暗调（黑）、1/4 色调、中间色调、3/4 色调、高光（白）；垂直轴代表新的颜色值，即输出色阶，从下到上亮度值逐渐增加。默认的曲线形状是一条从下到上的对角线，表示所有像素的输入与输出色调值相同。调整图像色调的过程就是通过调整曲线的形状来改变像素的输入和输出色调，从而改变整个图像的色调分布。

将曲线向上弯曲会使图像变亮，将曲线向下弯曲会使图像变暗。

曲线上比较陡直的部分代表图像对比度较高的区域；相反，曲线上比较平缓的部分代表图像对比度较低的区域。

默认状态下在【曲线】对话框中：

（1）移动曲线顶部的点主要是调整高光。

（2）移动曲线中间的点主要是调整中间调。

（3）移动曲线底部的点主要是调整暗调。

将曲线上的点向下或向右移动，会将【输入】值映射到较小的【输出】值，并会使图像变暗；相反，将曲线上的点向上或向左移动，会将较小的【输入】值映射到较大的【输出】值，并会使图像变亮。因此如果希望将暗调图像变亮，则可向上移动靠近曲线底部的点；如果希望高光变暗，则可向下移动靠近曲线顶部的点。

使用【曲线】命令来调整图像的具体操作步骤如下。

01 打开"素材 \ch10\10.4.jpg"图片。

02 按【Ctrl+M】组合键，快速打开【曲线】对话框。

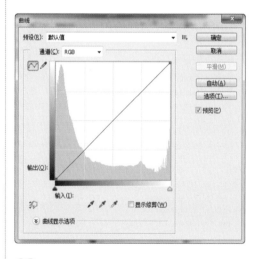

03 在弹出的【曲线】对话框中调整曲线（或设置【输入】为【145】,【输出】为【100】）。

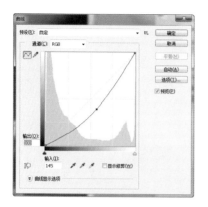

04 在【通道】下拉列表中选择【红】选项，
调整曲线（或设置【输入】为【150】，
【输出】为【112】）。

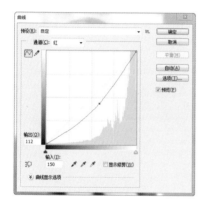

05 单击【确定】按钮，得到最终图像效果，
如下图所示。

10.5 使用【可选颜色】命令调整图像

极简时光

关键词：【可选颜色】
对话框 / 调整图像 / 选择
【红色】选项

一分钟

可选颜色校正是在高档扫描仪和分色
程序中使用的一项技术，它基于组成图像某
一主色调的 4 种基本印刷色（CMYK），选
择性地改变某一主色调（如红色）中某一印
刷色（如青色 C）的含量，而不影响该印刷
色在其他主色调中的表现，从而对图像的颜
色进行校正。【可选颜色】命令的作用是选
择某种颜色范围进行针对性的修改，在不影
响其他原色的情况下修改图像中的某种彩色
的数量，可以用来校正色彩不平衡问题和调
整颜色。【可选颜色】命令可以有选择地对
Photoshop CS6 图像某一主色调成分增加或
减少印刷颜色的含量，而不影响该印刷色在
其他主色调中的表现，从而对颜色进行调整。

 示

操作时首先应确保在【通道】面板
中选择了复合通道。

1.【可选颜色】对话框参数设置

选择【图像】→【调整】→【可选颜色】
命令，即可打开【可选颜色】对话框，如下
图所示。

（1）【预设】下拉列表：可以选择【默认值】选项和【自定】选项。

（2）【颜色】下拉列表：用来设置 Photoshop CS6 图像中要改变的颜色，单击下拉列表后面的下拉三角按钮，在弹出的下拉列表中选择要改变的颜色；设置的参数越小，颜色越淡，参数越大，颜色越浓。选择要进行校正的主色调，可选颜色有 RGB、CMYK 中的各通道色及白色、中性色和黑色。

（3）【相对】单选按钮：相对是指按照调整后总量的百分比来更改现有的青色、洋红、黄色或黑色的量，该单选按钮不能调整纯反白光，因为它不包含颜色成分。如为一个起始含有 50% 洋红色的像素增加10%，该像素的洋红色含量则会变为 55%。

（4）【绝对】单选按钮：用于增加或减少每一种印刷色的绝对改变量。如为一个起始含有 50% 洋红色的像素增加 10%，该像素的洋红色含量则会变为 60%。

2. 使用【可选颜色】命令调整图像

01 打开"素材 \ch10\10.5.jpg"图片。

02 选择【图像】→【调整】→【可选颜色】命令。

03 在弹出的【可选颜色】对话框中的【颜色】下拉列表中选择【红色】选项，并设置【青色】为【100%】，【洋红】为【100%】，【黄色】为【100%】，【黑色】为【0%】，如下图所示。

04 单击【确定】按钮，调整后的效果如下图
所示。

🎬 **牛人干货**

1. 为图像替换颜色

选择【替换颜色】命令可以创建蒙版，以选择图像中的特定颜色，然
后替换这些颜色。可以设置选定区域的色相、饱和度和明度，也可以使用拾
色器选择替换颜色。但是，由【替换颜色】命令创建的蒙版是临时性的。

01 打开"素材\ch10\10.6.jpg"图片。

02 选择【图像】→【调整】→【替换颜色】
命令，打开【替换颜色】对话框，使用【吸
管工具】吸取图像中的黄色，并设置【颜
色容差】为【120】，【色相】为【－
50】，【饱和度】为【20】，【明度】
为【－7】。

03 单击【确定】按钮，图像最终效果如下
图所示。

2. 为旧照片着色

当打开以前拍摄的照片时，发现照片已经失去原来的色彩，不过不用担心，可以使用 Photoshop CS6 强大的图像色彩调整功能来为照片着色。具体的操作步骤如下。

01 打开 "素材\ch10\10.7.jpg" 图片。

02 按【Ctrl+L】组合键，打开【色阶】对话框。在对话框中可通过调整【输入色阶】和【输出色阶】来控制图像的明暗对比，调整时用鼠标拖曳对话框下方的三角形滑块或者在参数栏中直接输入数值即可，如这里把【输入色阶】调整为【38】【0.7】和【248】；【输出色阶】则保持不变，这样就可以加大色彩的明暗对比度，使图像得到曝光过度的效果。

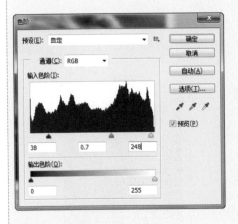

03 按【Ctrl+U】组合键，打开【色相/饱和度】对话框，在其中选中【着色】复选框，这样可以将图像变为单一色相调整，以便给图像着色。

04 单击【确定】按钮，图像最终效果如下图所示。

第 11 课
Photoshop 图层的基本操作

图层是 Photoshop 处理图像的基本功能，也是 Photoshop 中重要的部分。图层就像玻璃纸，每张玻璃纸上有一部分图像，将这些玻璃纸重叠起来，就是一幅完整的图像，而修改一张玻璃纸上的图像不会影响到其他图像。本课将介绍图层的基本操作和应用。

11.1 了解 Photoshop 中的图层

极简时光

关键词：图层 / 透明性 / 独立性 / 遮盖性

一分钟

图层是 Photoshop 核心的功能之一。图层就像是含有文字或图形等元素的胶片，一张张按顺序叠放在一起，组合起来形成页面的最终效果。图层可以将页面上的元素精确定位。使用"图层"可以把一幅复杂的图像分解为相对简单的多层结构，并对图像进行分级处理，从而减少图像处理工作量并降低难度。通过调整各个"图层"之间的关系，能够实现更加丰富和复杂的视觉效果。

为了理解什么是"图层"这个概念，下面打开"素材 \ch11\11.1.psd"图片，在右侧的【图层】面板中，可以看到不同的图层，它们就是这些构成图像的元素，如 Spring、不同颜色的花朵、蝴蝶等，图层中除了图案部分外，其余都是透明的，所以其他图层都

能够显现出来。

根据上图，可以总结出图层有 3 个特点，分别为透明性、独立性和遮盖性。

（1）透明性。透明性是图层的基本特性。图层就像是一层层透明的玻璃纸，在没有绘制色彩的部分，透过上面图层的透明部分，能够看到下面图层的图像效果。在 Photoshop CS6 中图层的透明部分表现为灰白相间的网格。

由上图可以看到，即使【图层 1】上面有【图层 2】，但是透过【图层 2】仍然可以看到【图层 1】中的内容，这说明【图层 2】具备了图层的透明性。

（2）独立性。为了灵活地处理一幅作品中的任何一部分内容，在 Photoshop CS6 中可以将作品中的每一部分放到一个图层中。图层与图层之间是相互独立的，在对其中的一个图层进行操作时，其他的图层不会受到干扰，图层调整前后对比效果如下图所示。

由上图可以看到，当改变其中一个对象的时候，其他的对象保持原状，这说明图层之间相互保持了一定的独立性。

（3）遮盖性。图层之间的遮盖性是指当一个图层中有图像信息时，会遮盖住下层图像中的图像信息，如下图 所示。

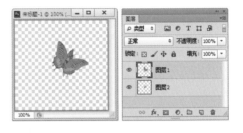

11.2 创建图层

在 Photoshop 中，图层的创建方法有很多种，本节将介绍 5 种常用的图层创建方法。

1. 在【图层】面板中创建图层

按【F7】键，打开【图层】面板，单击【创建新图层】按钮 ，即可在当前图层上面新建一个【图层 1】，新建的图层即会成为当前图层。如果要在当前图层下面新建一个图层，可以按住【Ctrl】键并单击 按钮，但是【背景】图层下方不能创建图层。

选择【图层】→【新建】→【通过拷贝的图层】命令或按【Ctrl+J】组合键创建图层。

如果没有创建选区，执行该操作后，可以快速复制当前图层。

2. 使用【新建】命令创建图层

如果想要创建图层并设置图层的属性，如图层名称、颜色、模式等，可以选择【图层】→【新建】→【图层】命令或按【Shift+Ctrl+N】组合键，即可打开【新建图层】对话框，根据需求进行设置，如下图所示。

3. 使用【通过拷贝的图层】命令创建图层

如果在图像中创建了选区，希望将选区图像复制到一个新图层中，而原图层内容保持不变，可以打开"素材\ch11\11.2.jpg"图片，

4. 使用【通过剪切的图层】命令创建图层

如果在图像中创建选区后，希望将选区内的图像从原图层中剪切到一个新图层中，可以选择【图层】→【新建】→【通过剪切的图层】命令或按【Shift+Ctrl+J】组合键创

建图层。

5. 创建背景图层

新建 Photoshop 文档时，使用白色、背景色、透明作为背景内容，如这里选择【背景色】为背景内容。【图层】面板最下面的图层即为背景图层。

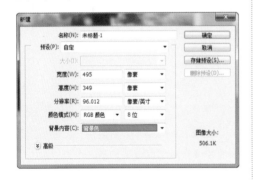

如果文档中没有【背景】图层，可以选择一个图层，选择【图层】→【新建】→【背景图层】命令，可以将图层转换为【背景】图层。

提 示

【背景】图层是 Photoshop 中特殊的图层，它置于【图层】面板中的最底层，不能调整其堆叠顺序，如果需要对该图层进行操作，可以双击【背景】图层，在弹出的【新建图层】对话框中为其设置一个名称，单击【确定】按钮，即可将其转换为普通图层。

11.3 图层的删除和复制

极简时光

关键词：图层的删除/图层的复制/【复制图层】对话框

一分钟

在编辑图层时，图层的删除和复制是常用的操作之一，本节主要介绍如何删除和复制图层。

1. 图层的删除

选择要删除的图层，按【Delete】键，即可快速删除图层。也可以将要删除的图层拖曳到【图层】面板中的【删除图层】按钮上删除图层。

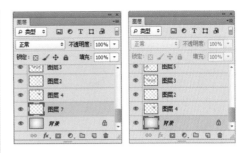

2. 图层的复制

图层的复制方法主要包含两种：使用【图层】面板按钮和通过【复制图层】命令，具体操作步骤如下。

（1）使用【图层】面板按钮。选择要复制的图层，将其拖曳到【创建新图层】按钮上即可复制该图层。另外，按【Ctrl+J】组合键，也可快速复制当前图层。

（2）通过【复制图层】命令。选择要复制的图层，选择【图层】→【复制图层】命令，弹出【复制图层】对话框，输入图层的名称及目标文档，单击【确定】按钮，即可复制该图层。

11.4 图层的显示和隐藏

关键词：显示图层 / 隐藏图层 /【图层】面板 /【隐藏图层】命令 /【显示图层】命令

一分钟

在 Photoshop 中，每个图层都是可以隐藏或显示在视图中的，对图层进行显示或隐藏操作，可以控制一幅图像的整体显示效果。

打开 "素材\ch11\11.3.psd" 图片，在【图 层】面板上可以看到图层缩略图前面有眼睛图标 ，而这个图标主要用来控制图层的可见性。如果图层前有该图标，则为可见图层，如果没有该图标，可以隐藏该图层。如下图所示，单击【图层 1】前的 图标，即可隐藏该图层。当要重新显示图层，可以在原 图标处单击。

如果 Photoshop 中有很多在使用的图层，想要快速地显示图层，可以按住【Alt】键，然后单击一个图层的眼睛图标 ，恢复其他图层的可见性；当再次单击同一图标时，可再次隐藏图层。

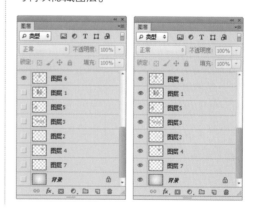

将鼠标指针放到一个图层的眼睛图标
👁 上单击并在眼睛图标列拖曳鼠标,也可以
快速隐藏或显示多个相邻的图层。另外,如
果选择希望隐藏的所有图层,选择【图层】→【隐
藏图层】命令,可以将所有图层隐藏。当再次
选择【图层】→【显示图层】命令,可以将
所有图层显示。

11.5 调整图层的叠加顺序

关键词:调整图层 /【图层】面板 / 调整图层顺序

一分钟

图像中的图层是由上而下叠放的,在编
辑图像时,通过调整图层的叠放顺序,可以
获得不同的图像处理效果。如果要调整图层
的叠放顺序,只需在【图层】面板中,将选
定的图层拖曳至指定位置即可,调整图层顺
序后,呈现出的另一种显示效果如下图所示。

另外,使用【图层】→【排列】命令也
可以调整图层顺序,如下图所示。

提 示

如果所选择的图层位于图层组中,
选择【置为顶层】和【置为底层】命令
操作时,是将图层调整至当前图层组中
的最顶层或最底层。

🐂 牛人干货

1. 使用颜色标记图层

"使用颜色标记图层"是一个很好的识别方法。在【图层】面板中右击,
选择相应的颜色进行标记即可。相比图层名称,视觉编码更能引起人们的注
意。这个方法特别适合于标记一些相同类型的图层。

2. 使用图层时必须要养成的 3 个习惯

在 Photoshop 中，几乎所有的操作都是建立在图层上的，如调色、填色、移动、变换等，它们都是针对当前操作图层而言的，因此，图层在设计操作中占据重要位置，而对于初学者而言，在前期使用过程中，有 30% 的问题是由图层错误引起的，如无法移动图层、无法变换图层，甚至无法修改文字、删除图片，这些都是因为没有好的图层使用习惯导致的。

对于初学者而言，经常出现以下两类错误。

（1）忘记新建图层。

新建文件或打开文件后，在绘制图案时，很多人没有新建图层，而是直接在【背景】图层上绘制，把所有的图案或大部分图案都绘制在同一图层上。那么，当某个图层需要进行修改时，就无法修改了。

（2）忘记定位自己操作的图层。

设计时，往往会有很多图层，而很多人忘记了所操作的图层。例如，在【图层 1】上想移动【图层 2】上的图像，就无法实现移动，如果要移动【图层 2】上的图像，就不需要在【图层】面板上把操作图层定位在【图层 1】上。

鉴于以上常出现的问题，给 Photoshop 初学者 3 点建议。

（1）不要在【背景】图层上绘制任何图像。

（2）不要担心建立的图层过多，要把每个图像绘制在不同的图层上。当然根据情况对其进行分组归类，具体操作方法，可以参见第 12 课的内容。

（3）一定要把你需要操作的图层选中，【图层】面板上选中的图层是有背景色的。

第 12 课

图层的高级操作与图层样式

了解了图层的基础操作后，本课将主要介绍图层的高级操作与图层样式，包括合并与拼合图层、图层的编组、图层样式的使用及应用效果等。

12.1 合并与拼合图层

关键词：打开素材 /【图层】面板 / 合并图层

一分钟

合并图层即将多个有联系的图层合并为一个图层，以便于进行整体操作。首先选择要合并的多个图层，然后选择【图层】→【合并图层】命令即可，也可以通过【Ctrl+E】组合键来完成。

1. 合并图层

01 打开"素材 \ch12\ 招贴设计 .psd"图片。

02 在【图层】面板中按住【Ctrl】键的同时单击所有图层，单击【图层】面板右上角的小三角按钮，在弹出的快捷菜单中选择【合并图层】命令。

03 最终效果如下图所示。

2. 合并图层的操作技巧

Photoshop 提供了 3 种合并的方式，如下图所示。

合并图层(E)	Ctrl+E
合并可见图层(V)	Shift+Ctrl+E
拼合图像(F)	

（1）【合并图层】：在没有选择多个图层的状态下，可以将当前图层与其下面的图层合并为一个图层，也可以通过【Ctrl+E】组合键来完成。

（2）【合并可见图层】：将所有的显示图层合并到【背景】图层中，隐藏图层被保留，也可以通过【Shift+Ctrl+E】组合键来完成。

（3）【拼合图像】：可以将图像中的所有可见图层都合并到【背景】图层中，隐藏图层则被删除。这样可以大大地减小文件的尺寸。

12.2 图层的编组

极简时光

关键词：打开素材 /【从图层新建组】对话框 / 调整图层位置

一分钟

【图层编组】命令用来创建图层组，如果当前选择了多个图层，则可以选择【图层】→【图层编组】命令（也可以通过【Ctrl+G】组合键来执行此命令），将选择的图层编为一个图层组。图层编组的具体操作步骤如下。

01 打开 "素材 \ch12\ 招贴设计 .psd" 图片，在【图层】面板中按住【Ctrl】键的同时单击【图层1】【图层9】和【图层4】图层，单击【图层】面板右上角的小三

角按钮 ▼≡，在弹出的快捷菜单中选择【从图层新建组】命令。

提 示

另外，也可以单击【图层】面板中的【新建组】按钮 ▭，直接新建图层组，然后将图层拖曳至该组中。

02 弹出【从图层新建组】对话框，设置名称等参数，然后单击【确定】按钮。

03 即可创建图层的编组，如下图所示。

04 用户可以通过拖曳实现不同图层组内图层位置的调整，调整图层的前后位置关系后，图像也将发生变化。

间的对齐操作。

1. 图层的对齐与分布具体操作

01 打开 "素材 \ch12\1.psd" 图片。

05 拖曳组可以调整组与组的排列顺序。

02 在【图层】面板中按住【Ctrl】键的同时单击【图层1】【图层2】【图层3】和【图层4】图层。

12.3 图层的对齐与分布

极简时光

关键词：打开素材 / 图层的对齐 / 图层的分布

一分钟

03 选择【图层】→【对齐】→【顶边】命令。

　　在 Photoshop CS6 中绘制图像时，有时需要对多个图像进行整齐排列，以达到美的效果；在 Photoshop CS6 中提供了 6 种对齐方式，可以快速准确地排列图像。依据当前图层和链接图层的内容，可以进行图层之

04 最终效果如下图所示。

2. 图层对齐的方式

　　Photoshop 提供了 6 种对齐方式。

　　（1）【顶边】：将链接图层顶端的像素对齐到当前工作图层顶端的像素或选区边框的顶端，以此方式来排列链接图层的效果。

　　（2）【垂直居中】：将链接图层垂直中心的像素对齐到当前工作图层垂直中心的像素或选区的垂直中心，以此方式来排列链接图层的效果。

　　（3）【底边】：将链接图层最下端的像素对齐到当前工作图层最下端的像素或选

区边框的最下端，以此方式来排列链接图层的效果。

　　（4）【左边】：将链接图层最左端的像素对齐到当前工作图层最左端的像素或选区边框的最左端，以此方式来排列链接图层的效果。

　　（5）【水平居中】：将链接图层水平中心的像素对齐到当前工作图层水平中心的像素或选区的水平中心，以此方式来排列链接图层的效果。

（6）【右边】：将链接图层最右端的像素对齐到当前工作图层最右端的像素或选区边框的最右端，以此方式来排列链接图层的效果。

3. 图层分布的方式

"分布"是将选中或链接图层之间的间隔均匀地分布。Photoshop CS6 提供了 6 种分布方式。

（1）【顶边】：参照最上面和最下面两个图形的顶边，中间的每个图层以像素区域的最顶端为基础，在最上和最下的两个图形之间均匀地分布。

（2）【垂直居中】：参照每个图层垂直中心的像素均匀地分布链接图层。

（3）【底边】：参照每个图层最下端像素的位置均匀地分布链接图层。

（4）【左边】：参照每个图层最左端

像素的位置均匀地分布链接图层。

（5）【水平居中】：参照每个图层水平中心像素的位置均匀地分布链接图层。

（6）【右边】：参照每个图层最右端像素的位置均匀地分布链接图层。

 提 示

关于对齐和分布命令，也可以通过按钮来完成。首先要保证图层处于链接状态，当前工具为【移动工具】，这时在选项栏中就会出现相应的对齐和分布按钮。

12.4 使用图层样式

极简时光

关键词：【图层样式】命令 /【图层样式】对话框 /【添加图层样式】按钮

一分钟

利用 Photoshop CS6 中的"图层样式"可以对图层内容快速应用效果。图层样式是多种图层效果的组合，Photoshop 提供了多种图像效果，如阴影、发光、浮雕和颜色叠加等。当图层具有样式时，【图层】面板中该图层名称的右边会出现【图层样式】图标，将效果应用于图层的同时，也创建了相应的图层样式，在【图层样式】对话框中可以对创建的图层样式进行修改、保存和删除等操作。

1. 使用【图层样式】命令

使用【图层样式】命令主要有以下两种方法。

（1）选择【图层】→【图层样式】命令添加各种样式。

（2）单击【图层】面板下方的【添加图层样式】按钮 **fx.**，也可以添加各种样式。

2.【图层样式】对话框参数设置

在【图层样式】对话框中可以对一系列的参数进行设置，实际上图层样式是一个集成的命令群，它是由一系列的效果集合而成的，其中包括很多样式。

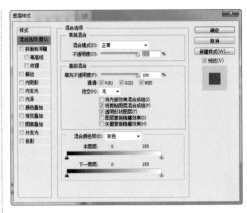

（1）【填充不透明度】设置项：设置 Photoshop CS6 图像的不透明度。当设置参数为 100％时，图像为完全不透明状态，当设置参数为 0%时，图像为完全透明状态。

（2）【通道】：可以将混合效果限制在指定的通道内。取消选中【R】复选框，这时【红色】通道将不会进行混合。在 3 个复选框中，可以选择参加高级混合的【R】【G】【B】通道中的任何一个或多个。3 个复选框都不选也可以，但是在一个复选框也不选中的情况下，一般得不到理想的效果。

（3）【挖空】下拉列表：控制投影在半透明图层中的可视性或闭合。应用这个选项可以控制图层色调的深浅，有 3 个下拉菜单项，它们的效果各不相同。选择【挖空】为【深】，将【填充不透明度】数值设置为【0】，则挖空到背景图层效果。

（4）【将内部效果混合成组】复选框：选中此复选框，可将本次操作作用到图层的内部，然后合并到一个组中。这样下次出现在窗口的默认参数即为现在的参数。

（5）【将剪贴图层混合成组】复选框：将剪贴的图层合并到同一个组中。

（6）【混合颜色带】设置区：将图层与该颜色混和，它有 4 个选项，分别是【灰色】

【红色】【绿色】和【蓝色】。可以根据需要选择适当的颜色,以达到意想不到的效果。

12.5 图层样式的应用效果

极简时光

关键词:【斜面和浮雕】
样式/【描边】样式/【光
泽】样式/【图层样式】
对话框

一分钟

通过了解图层样式后,我们知道图层样式包含了斜面和浮雕、描边、投影等效果,下面通过操作,介绍几个常用的样式。

1.【斜面和浮雕】样式与【描边】样式

01 新建一个文档,并设置好背景色,输入"Photoshop",如下图所示。

02 创建【斜面和浮雕】样式。单击【添加图层样式】按钮 **fx**,在弹出的【添加图层样式】菜单中选择【斜面和浮雕】命令,打开【图层样式】对话框,即可对【斜面和浮雕】样式进行设置,通过调整以达到期望的效果,单击【确定】按钮,即可查看效果。

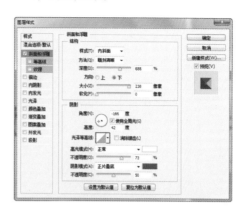

03 此外,选中【斜面和浮雕】下的【等高线】复选框,可设置等高线效果;选中【纹理】复选框,可设置纹理效果。

04 创建【描边】样式。在【图层样式】对
话框中选中【描边】复选框，对描边进
行设置后，效果如下图所示。

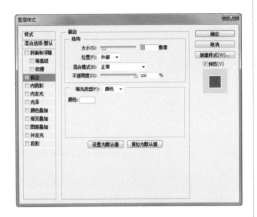

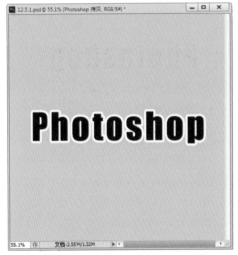

2.【光泽】样式

01 打开"素材 \ch12\12.5.2.psd"图片。

02 选择【图层1】，单击【添加图层样式】
按钮 **fx**，在弹出的【添加图层样式】菜
单中选择【光泽】选项。在弹出的【图
层样式】对话框中进行参数设置。

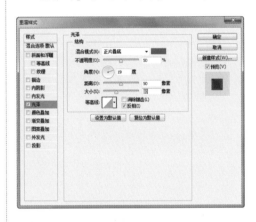

03 单击【确定】按钮，形成的光泽效果如
下图所示。

牛人干货

1.如何为图像添加纹理效果

在为图像添加【斜面和浮雕】效果的过程中，如果选中【斜面和浮雕】选项参数设置框下的【纹理】复选框，则可以为图像添加纹理效果。具体操作步骤如下。

01 打开 "素材 \ch12\2.psd" 图片。

02 选择【图层2】，双击【图层2】图层或在【图层】面板中单击【添加图层样式】按钮，从弹出的快捷菜单中选择【斜面和浮雕】命令。

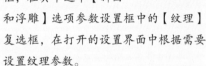

03 打开【图层样式】对话框，在其中选中【斜面和浮雕】选项参数设置框中的【纹理】复选框，在打开的设置界面中根据需要设置纹理参数。

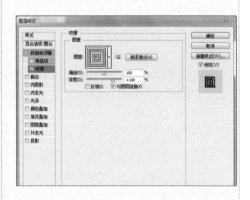

04 单击【确定】按钮，即可为图层添加相关的纹理效果。

提 示

【斜面和浮雕】样式中的【纹理】选项设置框中的参数含义如下。

（1）在【图案】下拉列表中可以选择合适的图案。浮雕的效果就是按照图案的颜色或它的浮雕模式进行的。在预览图上可以看出待处理的图像的浮雕模式和所选图案的关系。

（2）单击【贴紧原点】按钮可使图案的浮雕效果从图像或文档的角落开始。

（3）单击□图标，将图案创建为一个新的预置，这样下次使用时就可以从图案的下拉列表中打开该图案。

（4）通过调节【缩放】设置项可将图案放大或缩小，即调节浮雕的密集程度。缩放的变化范围为 1% ~ 1000%，可以选择合适的比例对图像进行编辑。

（5）【深度】设置项所控制的是浮雕的深度，通过滑块可以控制浮雕的深浅，它的变化范围为–1000% ~ +1000%，正负表示浮雕是凹进去还是凸出来。也可以选择适当的数值填入文本框中。

（6）选中【反相】复选框就会将原来的浮雕效果反转，即原来凹进去的现在凸出来，原来凸出来的现在凹进去，以得到一种相反的效果。

2. 使用内置样式设置特效

在 Photoshop 的【样式】面板中内置了许多样式，用户可以使用【样式】面板，为图层设置各种特效。具体操作步骤如下。

01 新建一个文档，并设置好背景色，新建一个图层，输入"Photoshop"，并选择该图层，如下图所示。

02 选择【窗口】→【样式】命令，打开【样式】面板，即可看到内置的样式。选择要应用的样式。

03 即可应用该样式效果，如下图所示。

04 另外，如果当前面板中样式不足，可单击 ▼ 按钮，在弹出的下拉菜单中加载其他样式。

第 13 课
图层蒙版的建立与使用

在 Photoshop 中可以通过蒙版功能，实现图像融合效果或屏蔽图像中某些不需要的部分，从而增强图像处理的灵活性，本课主要讲述图层蒙版的使用。

13.1 创建图层蒙版

关键词：创建图层蒙版 /【显示全部】命令 /【隐藏全部】命令

一分钟

单击【图层】面板下面的【添加图层蒙版】按钮 ，可以添加一个【显示全部】的蒙版。其蒙版内为白色填充，表示图层内的像素信息全部显示。

也可以选择【图层】→【图层蒙版】→【显示全部】命令来完成此次操作。

选择【图层】→【图层蒙版】→【隐藏全部】命令可以添加一个【隐藏全部】的蒙版。其蒙版内填充为黑色，表示图层内的像素信息全部被隐藏。

13.2 删除和禁止蒙版

关键词：删除蒙版 /【删除】命令 / 停用蒙版 /【停用图层蒙版】命令

一分钟

删除蒙版与停用蒙版分别有多种方法。

1. 删除蒙版

删除蒙版的方法有以下 3 种。

（1）选中图层蒙版，然后拖曳到【删除】按钮 🗑 上，则会弹出删除蒙版的提示对话框。

单击【删除】按钮时，蒙版被删除；单击【应用】按钮时，蒙版被删除，但是蒙版效果会被保留在图层上；单击【取消】按钮时，将取消这次删除命令。

（2）选择【图层】→【图层蒙版】→【删除】命令可删除图层蒙版。

选择【图层】→【图层蒙版】→【应用】命令，蒙版将被删除，但是蒙版效果会被保留在图层上。

（3）选中图层蒙版，按住【Alt】键，然后单击【删除】按钮 🗑 ，可以将图层蒙版直接删除。

2. 停用蒙版

停用蒙版主要有以下两种方法。

（1）打开【图层】面板，在图层蒙版缩览图上右击，在弹出的快捷菜单中选择【停用图层蒙版】命令，图层蒙版缩览图上将会出现红色叉号，表示蒙版被暂时停止使用。

（2）选择【图层】→【图层蒙版】→【停用】命令，也可停用图层蒙版。

13.3 创建快速蒙版

极简时光

关键词：创建快速蒙版 / 选择【椭圆选框工具】/ 快速应用蒙版 / 修改蒙版选项

一分钟

应用快速蒙版后，会创建一个暂时的图像上的屏蔽，同时也会在通道浮动窗口中产生一个暂时的 Alpha 通道。它对所选区域进行保护，避免被操作，而处于蒙版范围外的区域则可以进行编辑与处理。

1. 创建快速蒙版

01 打开"素材 \ch13\01.jpg"图片。

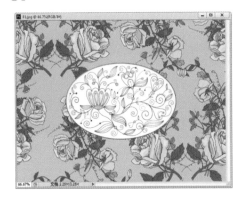

02 单击工具箱中的【以快速蒙版模式编辑】按钮，切换到快速蒙版状态下。

03 选择【椭圆选框工具】，将前景色设置为黑色，然后选择盘子的图形。

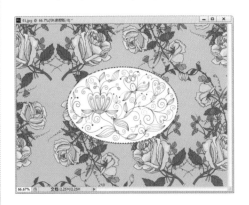

04 选择【油漆桶工具】进行填充，使蒙版覆盖整个要选择的图像。

2. 快速应用蒙版

（1）修改蒙版。将前景色设置为白色，用画笔修改可以擦除蒙版（添加选区）；将前景色设置为黑色，用画笔修改可以添加蒙版（删除选区）。

（2）修改蒙版选项。双击【以快速蒙版模式编辑】按钮，弹出【快速蒙版选项】对话框，从中可以对快速蒙版的各种属性进行设置。

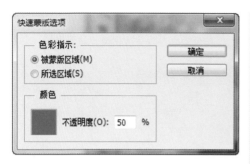

13.4 图层蒙版的应用

极简时光

关键词：蒙版的应用 / 涂抹蒙版 / 添加图层蒙版 / 选择【画笔工具】

一分钟

　　【颜色】和【不透明度】设置都只影响蒙版的外观，对如何保护蒙版下面的区域没有影响。更改这些设置能使蒙版与图像中的颜色对比更加鲜明，从而具有更好的可视性。

　　①【被蒙版区域】：可使被蒙版区域显示为 50% 的红色，使选中的区域显示为透明。用黑色绘画可以扩大被蒙版区域，用白色绘画可以扩大选中区域。选中该单选按钮时，工具箱中的【以快速蒙版模式编辑】按钮显示为深灰色背景上的浅灰色圆圈 ◙ 。

　　②【所选区域】：可使被蒙版区域显示为透明，使选中区域显示为 50% 的红色。用白色绘画可以扩大被蒙版区域，用黑色绘画可以扩大选中区域。选中该单选按钮时，工具箱中的【以快速蒙版模式编辑】按钮显示为浅灰色背景上的深灰色圆圈 ◙ 。

　　③ 颜色：用于选取新的蒙版颜色，单击颜色框可选取新颜色。

　　④【不透明度】：用于更改不透明度，可在【不透明度】文本框中输入 0 ～ 100 的数值。

　　Photoshop 中的蒙版是用于控制用户需要显示或影响的图像区域，或者说是用于控制需要隐藏或不受影响的图像区域。蒙版是进行图像合成的重要手段，也是 Photoshop 中极富魅力的功能之一，通过蒙版可以非破坏性地合成图像。图层蒙版是加在图层上的一个遮盖，通过创建图层蒙版来隐藏或显示图像中的部分或全部。

　　在图层蒙版中，纯白色区域可以遮罩下面图层中的内容，显示当前图层中的图像；蒙版中的纯黑色区域可以遮罩当前图层中的图像，显示出下面图层中的内容；蒙版中的灰色区域会根据其灰度值使当前图层中的图像呈现出不同层次的透明效果。

　　如果要隐藏当前图层中的图像，可以使用黑色涂抹蒙版；如果要显示当前图层中的图像，可以使用白色涂抹蒙版；如果要使当前图层中的图像呈现半透明效果，则可以使用灰色涂抹蒙版。

　　下面通过两张图片的拼合来讲解图层蒙版的使用方法。

01 打开"素材 \ch13\02.jpg"和"素材 \ch13\03.jpg"图片。

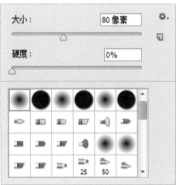

02 选择【移动工具】 ，将 "03.jpg" 拖曳到 "02.jpg" 文档中，新建【图层 1】图层。

04 将前景色设置为黑色，在画面上方进行涂抹。

03 单击【图层】面板中的【添加图层蒙版】按钮 ，为【图层 1】添加蒙版，选择【画笔工具】 ，设置画笔的【大小】和【硬度】。

05 设置【图层1】的图层混合模式为【叠加】，最终效果如下图所示。

牛人干货

1. 快速查看蒙版

用户在【图层】面板中可以快速地查看蒙版效果，具体操作步骤如下。

01 打开"素材 \ch13\04.psd"图片。

02 在【图层】面板中按【Shift】键的同时单击蒙版缩览图，可以在画布中快速停用蒙版，再次执行该操可以启用蒙版。

03 在【图层】面板中按【Ctrl】键的同时

单击蒙版缩览图，可以快速建立蒙版选区。

2. 矢量蒙版的应用技巧

　　有蒙版的图层称为蒙版图层。通过调整蒙版可以对图层应用各种特殊效果，但不会影响该图层上的像素。应用蒙版可以使这些更改永久生效，或者删除蒙版而不更改应用。矢量蒙版是由钢笔工具或形状工具创建的与分辨率无关的蒙版，它通过路径和矢量形状来控制图像显示区域，常用来创建LOGO、按钮、面板或其他的 Web 设计元素。

　　下面来讲解使用矢量蒙版为图像添加心形的方法。

01 打开"素材\ch13\05.psd"图片。选择【图层 1】图层。

02 选择【自定形状工具】 ，并在选项栏中选择【路径】选项，单击【点按可打开"自定义形状"拾色器】按钮 ，在弹出的下拉列表中选择【心形】形状。

04 选择【图层】→【矢量蒙版】→【当前路径】命令，基于当前路径创建矢量蒙版，路径区域外的图像即被蒙版遮盖。

03 在画面中拖动鼠标绘制"心形"。

第3篇
绘图与修图

第 14 课

▲

绘图工具的使用

掌握画笔的使用方法，不仅可以绘制出美丽的图画，还可以为其他工具的使用打下基础。本课主要讲述绘图工具的使用。

14.1 【画笔工具】和【铅笔工具】

极简时光

关键词： 更改画笔的大小 / 更改笔尖样式 / 设置画笔的流量 / 启用喷枪功能

一分钟

Photoshop 提供了【画笔工具】【铅笔工具】【颜色替换工具】和【混合器画笔工具】，主要用于绘制线条或修饰图像。

在使用这些工具时，应注意以下 5 点。

（1）可使用工具选项栏设置笔刷，如画笔大小、硬度、笔尖样式。

① 更改画笔的大小。在【画笔工具】选项栏中单击画笔后面的下拉按钮，会弹出【画笔预设】选取器，如下图所示。在【大小】文本框中可以输入 1 ~ 5000 像素的数值或直接通过拖曳滑块来更改画笔直径。也可以通过快捷键更改画笔的大小：按【 [】键可缩小，按【] 】键可放大。

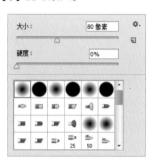

② 更改画笔的硬度。可以在【画笔预设】选取器中的【硬度】文本框中输入 0% ~ 100% 的数值或直接拖曳滑块更改画笔硬度。硬度为 0% 的效果和硬度为 100% 的效果分别如下图所示。

③ 更改笔尖样式。在【画笔预设】选取器中可以选择不同的笔尖样式，如下图所示。

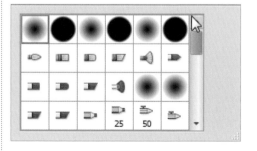

④ 设置画笔的混合模式。在【画笔工具】选项栏中通过【模式】选项可以选择画笔的混合模式。

⑤ 设置画笔的不透明度。在【画笔工具】选项栏中的【不透明度】参数框中可以输入 1% ~ 100% 的数值来设置画笔的不透明度。【不透明度】为 20% 时的效果和【不透明度】为 100% 时的效果分别如下图所示。

⑥ 设置画笔的流量。流量控制画笔在绘画中涂抹颜色的速度。在【流量】参数框中可以输入 1% ~ 100% 的数值来设定绘画时的流量。【流量】为 20% 时的效果和【流量】为 100% 时的效果分别如下图所示。

⑦ 启用喷枪功能。喷枪功能是用来制造喷枪效果的。在【画笔工具】选项栏中单击 图标，图标为反白时表示启动，图标为

灰色则表示取消该功能。

（2）绘画时使用的颜色为前景色。

（3）按住【Alt】键，则【画笔工具】【铅笔工具】【颜色替换工具】和【混合器画笔工具】变为吸管形状。

（4）在使用【画笔工具】的过程中，按住【Shift】键可以绘制水平、垂直或以 45° 为增量角的直线；如果在确定起点后，按住【Shift】键单击画布中的任意一点，则两点之间以直线相连接。

（5）按住【Ctrl】键，则暂时将以上两个工具切换为【移动工具】 。

14.2 使用【画笔工具】柔化皮肤

极简时光

关键词：【高斯模糊】对话框/【添加图层蒙版】按钮/选择【画笔工具】

一分钟

在 Photoshop 工具箱中单击【画笔工具】按钮或按【Shift+B】组合键，可以选择【画笔工具】，使用【画笔工具】可绘出边缘柔软的效果，画笔的颜色为工具箱中的前景色。

【画笔工具】是工具中较为重要且复杂的一款工具。其运用非常广泛，手绘爱好者可以用来绘画，在日常中可以下载一些笔刷来装饰画面等。

在 Photoshop 中使用【画笔工具】配合图层蒙版可以对人物的脸部皮肤进行柔化处理，具体操作步骤如下。

01 打开"素材 \ch14\14.2.jpg"图片。

02 复制【背景】图层的副本。对【背景 副本】图层进行高斯模糊。选择【滤镜】→【模糊】→【高斯模糊】命令，打开【高斯模糊】对话框，设置【半径】为【8像素】。

03 按住【Alt】键单击【图层】面板中的【添加图层蒙版】按钮 ▢，可以向图层添加一个黑色蒙版，并将显示下面图层的所有像素。

04 选择【背景 副本】图层蒙版图标，然后选择【画笔工具】。选择【柔和边缘】笔尖，从而不会留下破坏已柔化图像的锐利边缘。

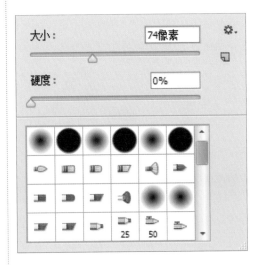

05 在模特面部的皮肤区域绘制白色，但不要在想要保留细节的区域（如模特的脸、嘴唇、鼻孔和牙齿）绘制颜色。如果不小心在不需要蒙版的区域填充了颜色，可以将前景色切换为黑色，绘制该区域

以显示下面图层的锐利边缘。在工作流程阶段，图像是不可信的，因为皮肤没有显示可见的纹理。

06 在【图层】面板中，将【背景 副本】图层的【不透明度】设置为【80%】。此步骤将纹理添加到皮肤，但保留了柔化。

07 合并图层，使用【曲线】命令调整图像的整体亮度和对比度即可。

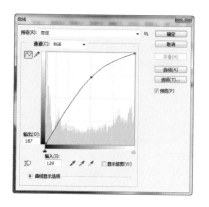

14.3 使用【历史记录画笔工具】恢复色彩

极简时光

关键词：【黑白】对话框/【历史记录】面板/设置画笔大小

一分钟

Photoshop 中的【历史记录画笔工具】主要作用是将部分图像恢复到某一历史状态，可以形成特殊的图像效果。

【历史记录画笔工具】必须与【历史记录】面板配合使用，它用于恢复操作，但不是将整个图像都恢复到以前的状态，而是对图像的部分区域进行恢复，因而可以对图像进行更加细微的控制。

下面通过制作局部为彩色的图像来学习【历史记录画笔工具】的使用方法。

01 打开"素材 \ch14\14.3.jpg"图片。

02 选择【图像】→【调整】→【黑白】命令，在弹出的【黑白】对话框中单击【确定】按钮，将图像调整为黑白颜色。

03 选择【窗口】→【历史记录】命令，在弹出的【历史记录】面板中选择【黑白】选项，以设置【历史记录画笔的源】图标 所在位置，将其作为历史记录画笔的源图像。

04 选择【历史记录画笔工具】 ，在其选项栏中设置画笔大小为【30】，【模式】为【正常】，【不透明度】为【100%】，【流量】为【100%】。

提 示

在绘制的过程中可根据需要调整画笔的大小。

05 在图像的红色礼物盒部分进行涂抹以恢复色彩。

14.4 使用【历史记录艺术画笔工具】制作粉笔画

【历史记录艺术画笔工具】也可以将指定的历史记录状态或快照用作源数据。但是，【历史记录画笔工具】是通过重新创建指定的源数据来绘画的，而【历史记录艺术画笔工具】在使用这些数据的同时，还可以应用不同的颜色和艺术风格。

下面通过使用【历史记录艺术画笔工具】将图像处理成特殊效果。

01 打开"素材\ch14\14.4.jpg"图片。

02 在【图层】面板的下方单击【创建新图层】按钮，新建【图层 1】图层。

03 双击工具箱中的【设置前景色】按钮，在弹出的【拾色器（前景色）】对话框中设置颜色为灰色（C:0, M:0, Y:0, K:10），单击【确定】按钮。

04 按【Alt+Delete】组合键为【图层 1】图层填充前景色。

05 选择【历史记录艺术画笔工具】，在其选项栏中设置参数，如下图所示。

06 选择【窗口】→【历史记录】命令，在弹出的【历史记录】面板中的【打开】步骤前单击，指定图像被恢复的位置。

果，如下图所示。

07 将鼠标指针移至画布中单击并拖动鼠标
进行图像的恢复，创建类似粉笔画的效

牛人干货

调整历史记录状态的次数

Photoshop 默认历史记录状态的次数为"20"，如果在 Photoshop 中设
计较为复杂的图像，则默认的次数就会不够，那么后面的操作记录将覆盖前
面的操作记录。下面介绍历史记录状态的次数设置方法。

01 选择【编辑】→【首选项】命令或按
【Ctrl+ K】组合键，打开【首选项】对
话框。

的调整模块中拖曳滑块调整次数，最大
设置次数为【1000】，设置完毕后，单
击【确定】按钮即可。

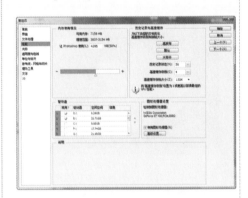

02 选择【性能】选项，在【历史记录与高
速缓存】选项区域中的【历史记录状态】
文本框中输入要设置的次数，如输入
【50】，也可以单击 ▶ 按钮，在弹出

记录的次数并不是越多越好，
Photoshop 历史记录设置得次数越多，则
需要越多的内存支持。

第 15 课
图像的修复

在 Photoshop 中提供了大量专业的图像修复工具，如【仿制图章工具】【污点修复画笔工具】【修复画笔工具】【修补工具】和【红眼工具】等，它们可以轻松完成图像的修复和后期处理工作，本课将主要介绍图像的修复技巧。

15.1 使用【仿制图章工具】复制图像

极简时光

关键词：使用【仿制图章工具】/调节笔触的混合模式

一分钟

【仿制图章工具】 可以将一幅图像的选定点作为取样点，将该取样点周围的图像复制到同一图像或另一幅图像中。【仿制图章工具】也是专门的修图工具，可以用来消除人物脸部斑点、背景部分不相干的杂物、填补图片空缺等。使用方法为：选择【仿制图章工具】，在需要取样的地方按住【Alt】键取样，然后在需要修复的地方涂抹，就可以快速消除污点，同时也可以在选项栏中调节笔触的混合模式、大小、流量等，以便更为精确地修复污点。

下面通过复制图像来学习【仿制图章工具】的使用方法。

01 打开"素材 \ch15\15.1.jpg"图片。

02 选择【仿制图章工具】 ，将鼠标指针移动到想要复制的图像上，按住【Alt】键，这时指针会变为 形状，单击鼠标即可把鼠标指针落点处的像素定义为取样点。

03 在要复制的位置单击或拖曳鼠标即可。

04 多次取样多次复制，直至画面饱满。

15.2 使用【污点修复画笔工具】去除雀斑

极简时光

关键词：选择【污点修复画笔工具】/【污点修复画笔工具】取样

一分钟

【污点修复画笔工具】 ，自动将需要修复区域的纹理、光照、不透明度和阴影等元素与图像自身进行匹配，快速修复污点。

快速移去图像中的污点，【污点修复画笔工具】取样图像中某一点的图像，将该点的图像修复到当前要修复的位置，并将取样像素的纹理、光照、不透明度和阴影与所修复的像素相匹配，从而达到自然的修复效果。

01 打开 "素材 \ch15\15.2.jpg" 图片。

02 选择【污点修复画笔工具】 ，在选项栏中设置各项参数保持不变（画笔大小可根据需要进行调整）。

03 将鼠标指针移动到污点上并单击，即可修复斑点。

04 修复其他斑点区域，直至图片修饰完毕。

15.3 使用【修复画笔工具】去除皱纹

极简时光

关键词：【画笔】设置项/【模式】下拉列表/【源】选项区/【对齐】复选框

一分钟

【修复画笔工具】的工作方式与【污点修复画笔工具】类似，不同的是【修复画笔工具】必须从图像中取样，并在修复的同时将样本像素的纹理、光照、不透明度和阴影与源像素进行匹配，从而使修复后的像素不留痕迹地融入图像的其余部分。

【修复画笔工具】可用于消除并修复瑕疵，使图像完好如初。与【仿制图章工具】一样，使用【修复画笔工具】可以利用图像或图案中的样本像素来绘画。

1. 【修复画笔工具】相关参数设置

【修复画笔工具】 的选项栏中包括【画笔】设置项、【模式】下拉列表、【源】选项区和【对齐】复选框等。

（1）【画笔】设置项：在该选项的下拉列表中可以选择画笔样式。

（2）【模式】下拉列表：其中的选项包括【替换】【正常】【正片叠底】【滤色】【变暗】【变亮】【颜色】和【亮度】等。

（3）【源】选项区：在其中可选中【取样】或【图案】单选按钮。按【Alt】键定义取样点，然后才能使用【源】选项区。选中【图案】单选按钮后要先选择一个具体的图案，然后使用才会有效果。

（4）【对齐】复选框：选中该复选框会对像素进行连续取样，在修复过程中，取样点随修复位置的移动而变化。取消选中该复选框，则在修复过程中始终以一个取样点为起始点。

2. 使用【修复画笔工具】修复照片

01 打开"素材 \ch15\15.3.jpg"图片。

02 创建背景图层的副本。

03 选择【修复画笔工具】 ，在选项栏中，设置【样本】为"所有图层"，并设置画笔略宽于要去除的皱纹，而且该画笔足够柔和，能与未润色的边界混合。

04 按住【Alt】键并单击皮肤中与要修复的区域具有类似色调和纹理的干净区域。选择无瑕疵的区域作为目标；否则，【修复画笔工具】不可避免地将瑕疵应用到目标区域。

提 示

在本例中，在人物面颊中的无瑕疵区域取样。

05 在要修复的皱纹上拖动工具。确保覆盖全部皱纹，包括皱纹周围的所有阴影，覆盖范围要略大于皱纹。继续这样操作，直到去除所有明显的皱纹。是否要在修复来源中重新取样，取决于需要修复的瑕疵数量。

提 示

如果无法在皮肤上找到作为修复来源的无瑕疵区域，请打开具有干净皮肤的人物照。其中包含与要润色图像中的人物具有相似色调和纹理的皮肤。将第二个图像作为新图层复制到要润色的图像中。解除【背景】图层的锁定，将其拖动至新图层的上方。确保【修复画笔工具】设置为"对所有图层取样"。按住【Alt】键并单击新图层中干净皮肤的区域，使用【修复画笔工具】去除对象的皱纹。

15.4 使用【修补工具】
去除照片瑕疵

极简时光

关键词：选择【修补工具】/打开素材/【修补工具】去除照片瑕疵

一分钟

使用 Photoshop CS6【修补工具】可以通过其他区域或图案中的像素来修复选中的区域。【修补工具】是较为精确的修复工具。使用方法为：选择【修补工具】，把需要修复的部分圈选起来，这样就得到一个选区，将鼠标指针放置在选区上面后，按住鼠标左键拖动就可以修复。同时在 Photoshop CS6 选项栏上，可以设置相关的属性，可同时选取多个选区进行修复，极大地方便了用户的操作。

01 打开"素材\ch15\15.4.jpg"图片。

02 选择【修补工具】 ，在选项栏中选中【源】单选按钮。

03 在需要修复的位置绘制一个选区，将鼠标指针移动到选区内，再向周围没有瑕疵的区域拖曳来修复瑕疵。

04 修复其他瑕疵区域，直至图片修饰完毕。

15.5 消除照片上的红眼

极简时光

关键词： 选择【红眼工具】/【瞳孔大小】设置框/【变暗量】设置框

一分钟

【红眼工具】是专门用来消除人物眼睛因灯光或闪光灯照射后瞳孔产生的红点、白点等反射光点。

提 示

红眼是由于相机闪光灯在主体视网膜上反光引起的。在光线暗淡的条件下照相时，由于主体的虹膜张开得很宽，更加明显地出现红眼现象。因此，在照相时，最好使用相机的红眼消除功能，或使用远离相机镜头位置的独立闪光装置。

1. 【红眼工具】相关参数设置

选择【红眼工具】 后的选项栏如下

图所示。

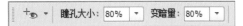

（1）【瞳孔大小】设置框：设置瞳孔（眼睛暗色的中心）的大小。

（2）【变暗量】设置框：设置瞳孔的暗度。

2. 修复一张有红眼的照片

01 打开"素材 \ch15\15.5.jpg"图片。

02 选择【红眼工具】 ，在选项栏中设置其参数。

03 单击照片中的红眼区域，可得到如下图所示的效果。

🐂 牛人干货

使用【图案图章工具】制作特效背景

　　【图案图章工具】有点类似图案填充效果，使用工具之前需要定义好想要的图案，然后适当设置好 Photoshop CS6 选项栏的相关参数，如笔触大小、不透明度、流量等，再在画布上涂抹，就可以设计出想要的图案效果，绘出的图案会重复排列。

　　下面通过绘制图像来学习【图案图章工具】的使用方法。

01 打开"素材 \ch15\1.psd"图片，选择【背景】图层。

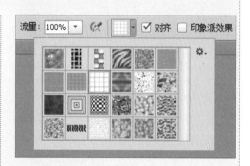

提 示

　　如果读者没有"拼贴"图案，可以单击面板右侧的 ⚙ 按钮，在弹出的菜单中选择【图案】选项进行加载。

03 在需要填充图案的位置单击或拖曳鼠标即可。

02 选择【图案图章工具】🖿，并在选项栏中单击【点按可打开"图案"拾色器】按钮 ⤵，在弹出的菜单中选择"拼贴"图案。

第16课
图像的润饰与擦除

对于图像的小范围或局部修改，如图像的细节、色调、曝光等，可以使用加深、减淡、海绵工具等进行润饰。另外，在图像处理中，常用【橡皮擦工具】擦除图像的颜色，也可以在擦除的位置填入背景颜色或者将其设置为透明区。本课主要介绍图像的润饰与擦除的技巧。

16.1 加深、减淡图像区域

关键词：【曝光度】设置框 / 选择【减淡工具】/ 使用【加深工具】

一分钟

【减淡工具】可以快速增加图像中特定区域的亮度，表现出发亮的效果。这款工具可以把图片中需要变亮或增强质感的部分颜色加亮。通常情况下，选择中间调范围，曝光度较低数值进行操作，这样涂亮的部分过渡会较为自然。

【加深工具】与【减淡工具】刚好相反，通过降低图像的曝光度来降低图像的亮度。这款工具主要用来增加图片的暗部，加深图片的颜色，可以用来修复一些曝光过度的图片、制作图片的暗角、加深局部颜色等。这款工具与【减淡工具】搭配使用效果会更好。

选择【加深工具】后的选项栏如下图所示。

1.【减淡工具】和【加深工具】的参数设置

（1）【范围】下拉列表：有以下3个

选项。

①【暗调】：选择该选项后只作用于图像的暗调区域。

②【中间调】：选择该选项后只作用于图像的中间调区域。

③【高光】：选择该选项后只作用于图像的高光区域。

（2）【曝光度】设置框：用于设置图像的曝光强度。

建议使用时先把【曝光度】的值设置得小一些，一般情况下设置为15% 比较合适。

2. 对图像的中间调进行处理，从而突出背景

01 打开"素材 \ch16\16.1.jpg"图片。

02 选择【减淡工具】，保持各项参数不变，可根据需要更改画笔的大小。

03 按住鼠标左键在背景上进行涂抹。

04 同理，使用【加深工具】来涂抹人物。

16.2 使用【海绵工具】制作艺术效果

极简时光

关键词：【海绵工具】参数设置 / 使用【海绵工具】/ 选择【海绵工具】/【降低饱和度】选项

一分钟

【海绵工具】用于增加或降低图像的饱和度，类似于海绵吸水的效果，从而为图像增加或减少光泽感。当图像为灰度模式时，该工具通过使灰阶远离或靠近中间灰色来增加或降低对比度，在修改颜色时经常用到。如果图片局部的色彩浓度过大，可以使用降低饱和度模式来减少颜色。同理，图片局部颜色过淡时，可以使用增加饱和度模式来增加颜色。这款工具只会改变颜色，不会对图像造成任何损害。

选择【海绵工具】后的选项栏如下图所示。

1.【海绵工具】参数设置

在【模式】下拉列表中可以选择【降低饱和度】选项以降低色彩饱和度，选择【饱和】选项以提高色彩饱和度。

2. 使用【海绵工具】制作艺术画效果

01 打开"素材\ch16\16.2.jpg"图片。

02 选择【海绵工具】 ，设置【模式】为"饱和"，其他参数保持不变，可根据需要更改画笔的大小。

03 按住鼠标左键在图像上进行涂抹。

04 在选项栏的【模式】下拉列表中选择【降低饱和度】选项，再涂抹背景即可。

16.3　制作图案叠加的效果

极简时光

关键词：选择【橡皮擦工具】/选择【移动工具】

一分钟

　　使用【橡皮擦工具】 ，可以通过拖动鼠标来擦除图像中的指定区域。

1.【橡皮擦工具】的参数设置

　　选择【橡皮擦工具】 后的选项栏如下图所示。

　　【画笔】选项：对橡皮擦的笔尖形状和大小进行设置，与【画笔工具】的设置相同，这里不再赘述。

　　【模式】下拉列表中有以下 3 个选项：【画笔】【铅笔】和【块】模式。

2. 制作一种图案叠加的效果

01 打开"素材\ch16\16.3-1.jpg"和"素材\ch16\16.3-2.jpg"图片。

02 选择【移动工具】 ，将 "16.3-2.jpg" 素材拖曳到 "16.3-1.jpg" 素材中，并调整其大小和位置。

03 选择【橡皮擦工具】 ，保持各项参数不变，设置画笔的硬度为 0，画笔的大小可根据涂抹时的需要进行更改。

04 按住鼠标左键在瓶子边缘的位置进行涂抹，涂抹后的效果如下图所示。

05 设置图层的【不透明度】为【75%】，最终效果如下图所示。

16.4 使用【背景橡皮擦工具】擦除背景颜色

【背景橡皮擦工具】 是一种可以擦除指定颜色的擦除器，这个指定颜色称为标本色，表现为背景色。【背景橡皮擦工具】只擦除了白色区域。其擦除的功能非常灵活，在一些情况下可以达到事半功倍的效果。

选择【背景橡皮擦工具】后的选项栏如下图所示。

（1）【画笔】设置项：用于选择画笔形状。

（2）【限制】下拉列表：用于选择【背景橡皮擦工具】的擦除界限，包括以下 3 个选项。

①【不连续】：在选定的色彩范围内可以多次重复擦除。

②【连续】：在选定的标本色内不间断地擦除。

③【查找边界】：在擦除时保持边界的锐度。

（3）【容差】设置框：可以输入数值或者拖曳滑块进行调节。数值越低，擦除的范围越接近标本色。大的容差值会把其他颜色擦成半透明的效果。

（4）【保护前景色】复选框：用于保护前景色，使之不会被擦除。

（5）【取样】设置：用于选取标本色方式的选择设置，有以下 3 种。

①连续 ：单击此按钮，擦除时会自动选择所擦除的颜色为标本色。此按钮用于擦除不同颜色的相邻范围。在擦除一种颜色时，【背景橡皮擦工具】不能超过这种颜色与其他颜色的边界而完全进入另一种颜色，因为这时已不再满足相邻范围这个条件。当【背景橡皮擦工具】完全进入另一种颜色时，标本色即随之变为当前颜色，也就是说，当前所在颜色的相邻范围为可擦除的范围。

②一次 ：单击此按钮，擦除时首先在要擦除的颜色上单击以选定标本色，这时标本色已固定，然后就可以在图像上擦除与标本色相同的颜色范围。每次单击选定标本色只能做一次不间断地擦除，如果要继续擦除，则必须重新单击选定标本色。

③背景色板 ：单击此按钮即选定背景色，即标本色，然后就可以擦除与背景色相同的色彩范围。

在 Photoshop 中是不支持【背景】图层有透明部分的，而【背景橡皮擦工具】则可以直接在【背景】图层上擦除，因此，擦除后 Photoshop 会自动地把【背景】图层转换为一般层。

16.5 使用【魔术橡皮擦工具】擦除背景

【魔术橡皮擦工具】类似【魔棒工具】，不同的是，【魔棒工具】是用来选取图片中颜色近似的色块，【魔术橡皮擦工具】则是擦除色块。这款工具使用起来非常简单，只需要在 Photoshop CS6 选项栏中设置相关的容差值，然后在相应的色块上单击即可擦除。

1.【魔术橡皮擦工具】的参数设置

选择【魔术橡皮擦工具】后的选项栏如下图所示。

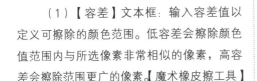

（1）【容差】文本框：输入容差值以定义可擦除的颜色范围。低容差会擦除颜色值范围内与所选像素非常相似的像素，高容差会擦除范围更广的像素【魔术橡皮擦工具】与【魔棒工具】选取原理类似，可以通过设置容差的大小确定擦除范围的大小，容差越大，擦除范围越大；容差越小，擦除范围越小。

（2）【消除锯齿】复选框：选中【消除锯齿】复选框可使擦除区域的边缘平滑。

（3）【连续】复选框：选中该复选框，可以只擦除相邻的图像区域；未选中该复选框时，可将不相邻的区域擦除。

（4）【对所有图层取样】复选框：选中【对所有图层取样】复选框，以便利用所有可见 Photoshop 图层中的组合数据来采集擦除色样。

（5）【不透明度】参数框：指定不透明度以定义擦除强度。100% 的不透明度将完全擦除像素，较低的不透明度将擦除部分像素。

2. 使用【魔术橡皮擦工具】擦除背景

01 打开"素材\ch16\16.5.jpg"图片。

02 选择【魔术橡皮擦工具】，设置【容差】值为【32】，【不透明度】为【100%】。

03 在紧贴人物的背景处单击，此时可以看到已经清除了相连的背景。

牛人干货

1.实现图像的清晰化效果

【锐化工具】△.主要是通过锐化图像边缘来增加清晰度，使模糊的图像边缘变得清晰。【锐化工具】用于增加图像边缘的对比度，以达到增强外观上的锐化程度的效果，简单地说，就是使用【锐化工具】能够使图像看起来更加清晰，清晰的程度同样与在工具选项栏中设置的强度有关。

下面通过将模糊图像变为清晰图像来学习【锐化工具】的使用方法。

01 打开"素材\ch16\1.jpg"图片。

02 选择【锐化工具】△.，设置【模式】为"正常"，【强度】为"50%"。

03 按住鼠标左键在五官上进行拖曳即可。

2.使用【涂抹工具】制作火焰效果

使用【涂抹工具】✂.可以模拟手指绘图在图像中产生流动的效果，被涂抹的颜色会沿着拖动鼠标的方向将颜色进行展开。这款工具效果类似于使用刷子在颜料没有干的油画上涂抹，会产生刷子划过的痕迹。涂抹的起始点颜色会随着涂抹工具的滑动延伸。这款工具操作起来不难，并且运用非常广泛，可以用来修正物体的轮廓，制作火焰字的时候可以用来制作火苗，美容的时候还可以用来磨皮，再配合一些路径，可以制作非常潮流的彩带等。下面使用【涂抹工具】来制作火焰效果。

01 打开"素材 \ch16\2.jpg"图片。

02 选择【涂抹工具】，各项参数保持不变，可根据需要更改画笔的大小。

03 按住鼠标左键在火焰边缘进行拖曳即可。

第 17 课
路径的编辑和应用

矢量图是由矢量形状组成的，而矢量工具创建的是一种由路径和锚点组成的图像。本课就来介绍路径和锚点的使用。

17.1 认识路径与锚点的特征

极简时光

关键词：认识路径 / 子路径和工作路径 / 认识锚点

一分钟

在学习路径的使用之前，先了解一下路径与锚点的关系和特征，将有助于后面内容的学习。

1. 认识路径、子路径和工作路径

路径是可以转换为选区或使用颜色填充和描边的轮廓，存储在不同的路径层中。根据它的特征分为开放式路径和闭合式路径两种，其中开放式路径的特征是有起点和终点，而闭合式路径则没有起点和终点。另外，路径层也可以由多个相互独立的路径组件组成，而这些路径组件又称为子路径。

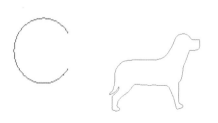

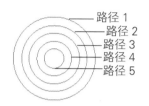

————路径 1
————路径 2
————路径 3
————路径 4
————路径 5

工作路径是出现在【路径】面板中的临时路径，用于定义形状的轮廓。绘制路径时，如果没有选中任何路径层，则绘制的路径将被存储在工作路径中。如果当前工作路径中已经存放了路径，那么内容将被新绘制的路径取代，不过，如果在绘制路径前已经在【路径】面板中选中了工作路径，则新绘制的路径将被增加到工作路径中。

2. 认识锚点

锚点又称为定位点，是由直线路径段或曲线路径段组成的，它们都通过锚点连接。锚点数量越少越好，虽然较多的锚点使可控制的范围更广，但问题也正是出在这里，因为锚点多，可能使后期修改的工作量也加大。

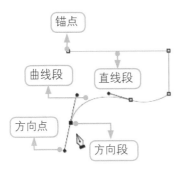

根据控制柄和路径的关系，可分为以下3种不同性质的锚点。

（1）平滑点：方向线是一体的锚点。

（2）角点：没有公共切线的锚点。

（3）拐点：控制柄独立的锚点。

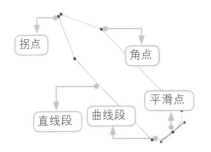

提 示

路径和锚点是不包含像素的矢量对象，与图像是分开的，没有填充或描边是不能打印出来的。如果需要保存路径，请使用 PSD、TIFF、PDF 等格式进行存储。

17.2 填充路径

极简时光

关键词： 用前景色填充路径 / 选择【自定形状工具】/ 使用技巧 /【填充路径】对话框

一分钟

单击【路径】面板上的【用前景色填充】按钮，可以用前景色对路径进行填充。

1. 用前景色填充路径

01 新建一个 8 厘米 ×8 厘米的文档，选择【自定形状工具】 绘制一个任意路径。

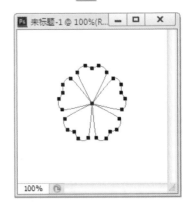

02 在【路径】面板中单击【用前景色填充路径】按钮 填充前景色。

03 最终效果如下图所示。

2. 使用技巧

按【Alt】键的同时单击【用前景色填充】按钮，可打开【填充路径】对话框，在该对话框中可设置【使用】的方式、混合的模式及渲染的方式，设置完成后，单击【确定】按钮，即可对路径进行填充。

17.3 描边路径

极简时光

关键词：用画笔描边路径 / 填充路径 / 使用技巧 /【描边路径】对话框

一分钟

单击【用画笔描边路径】按钮，可以实现对路径的描边。

1. 用画笔描边路径

01 新建一个 8 厘米 ×8 厘米的文档，选择【自定形状工具】绘制一个任意路径。

02 在【路径】面板中单击【用画笔描边路径】按钮 ○ 填充路径。

03 最终结果如下图所示。

2.【用画笔描边路径】使用技巧

用画笔描边路径的效果与画笔的设置有关，所以要对描边进行控制，就需先对画笔进行相关设置（如画笔的大小和硬度等）。

按【Alt】键的同时单击【用画笔描边路径】按钮，弹出【描边路径】对话框，设置完描边的方式后，单击【确定】按钮，即可对路径进行描边。

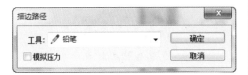

17.4 【创建新路径】【删除当前路径】按钮的使用

单击【创建新路径】按钮 🔲 后，再使用【钢笔工具】建立路径，路径将被保存。

在按【Alt】键的同时单击【创建新路径】按钮，则弹出【新建路径】对话框，在其中可以为生成的路径重命名。

在按【Alt】键的同时，若将已存在的路径拖曳到【创建新路径】按钮上，也可实现对路径的复制并得到该路径的副本。

将已存在的路径拖曳到【删除当前路径】按钮 🗑 上，则可将该路径删除。也可以选中路径后使用【Delete】键将路径删除，按【Alt】键的同时再单击【删除当前路径】按钮，可将路径直接删除。

17.5 剪贴路径

如果要将 Photoshop 中的图像输出到专业的页面排版程序，如 InDesign、PageMaker 等软件时，可以通过剪贴路径来定义图像的显示区域。在输出到这些程序中后，剪贴路径以外的区域将变为透明区域。下面就来讲解剪贴路径的输出方法。

01 打开"素材\ch17\17.5.jpg"图片。

02 选择【钢笔工具】 ✒️，在铅笔图像周围创建路径。

03 在【路径】面板中双击【工作路径】，在弹出的【存储路径】对话框中输入路径的名称，然后单击【确定】按钮。

04 单击【路径】面板右上角的小三角按钮，在弹出的下拉菜单中选择【剪贴路径】命令，打开【剪贴路径】对话框，设置路径的名称和展平度（定义路径由多少个直线片段组成），然后单击【确定】

按钮。

05 选择【文件】→【存储为】命令，在弹出的【存储为】对话框中设置文件的名称、保存的位置和文件存储格式，然后单击【保存】按钮。

牛人干货

路径和选区的转换

　　路径转化为选区命令在工作中的使用频率很高，因为在图像文件中任何局部的操作都必须在选区范围内完成，所以一旦获得了准确的路径形状后，一般情况下都要将路径转换为选区。单击【将路径作为选区载入】按钮，可以将路径转换为选区进行操作，也可以按【Ctrl+Enter】组合键完成这一操作。

　　将路径转化为选区的操作步骤如下。

01 打开"素材\ch17\17.6.jpg"图片，选择【魔棒工具】，在茶壶以外的白色区域创建选区。

02 按【Ctrl+Shift+I】组合键反选选区，在【路径】面板上单击【从选区生成工作路径】按钮◇。

03 即可将选区转换为路径，如下图所示。

04 单击【将路径作为选区载入】按钮，将路径载入为选区。

第 18 课

形状工具和钢笔工具的使用

在 Photoshop 中，形状工具和钢笔工具是绘制矢量图形的重要工具，本课主要讲述形状工具和钢笔工具的使用，并以简单实例进行详细演示，学习本课时，也应多练习在实例操作中的应用，这样可以加强学习效果。

18.1 绘制规则形状

极简时光

关键词：绘制矩形 / 选项栏 / 绘制圆角矩形 / 绘制椭圆 / 绘制多边形 / 绘制直线 / 绘制播放器图形

一分钟

Photoshop CS6 提供了 5 种绘制规则形状的工具：【矩形工具】【圆角矩形工具】【椭圆工具】【多边形工具】和【直线工具】。

使用形状工具不仅可以轻松地创建按钮、导航栏及其他在网页上使用的项目，还可以方便地绘制出许多特定的形状，并且可以通过形状的运算及自定义形状让形状更加丰富。绘制形状的工具除了绘制规则形状的工具外，还有【自定形状工具】等。

1. 绘制矩形

使用【矩形工具】可以很方便地绘制出矩形或正方形路径。

选中【矩形工具】，然后在画布上单击并拖曳鼠标，即可绘制出所需的矩形，若在拖曳鼠标时按住【Shift】键，则可绘制出正方形。

【矩形工具】的选项栏如下图所示。

单击 ⚙ 按钮会出现矩形工具选项菜单，其中包括【不受约束】单选按钮、【方形】单选按钮、【固定大小】单选按钮、【比例】单选按钮、【从中心】复选框等。

- ● 不受约束
- ○ 方形
- ○ 固定大小　W:　　　　H:
- ○ 比例　　　　W:　　　　H:
- □ 从中心

（1）【不受约束】单选按钮：选中此单选按钮，可拖曳鼠标绘制任意大小和比例的矩形。

（2）【方形】单选按钮：选中此单选按钮，绘制正方形。

（3）【固定大小】单选按钮：选中此单选按钮，可以在【W】参数框和【H】参数框中输入所需宽度和高度的值，绘制出固定值的矩形，默认的单位为像素。

（4）【比例】单选按钮：选中此单选

按钮，可以在【W】参数框和【H】参数框中输入所需宽度和高度的整数比，绘制出固定宽度和高度比例的矩形。

（5）【从中心】复选框：选中此复选框，绘制以矩形起点为中心的矩形。

2. 绘制圆角矩形

使用【圆角矩形工具】 可以绘制具有平滑边缘的矩形。其使用方法与【矩形工具】相同，只需在画布上单击并拖曳鼠标即可。

【圆角矩形工具】的选项栏与【矩形工具】相同，只是多了【半径】参数框一项。

【半径】参数框用于控制圆角矩形的平滑程度。输入的数值越大越平滑，输入"0"时则为矩形，有一定数值时则为圆角矩形。

3. 绘制椭圆

使用【椭圆工具】 可以绘制椭圆，按住【Shift】键可以绘制圆。

【椭圆工具】选项栏的用法与前面介绍的选项栏基本相同，这里不再赘述。

4. 绘制多边形

使用【多边形工具】 可以绘制出所需的正多边形。绘制时鼠标指针的起点为多边形的中心，而终点则为多边形的一个顶点。

【多边形工具】的选项栏如下图所示。

【边】参数框：用于输入所需绘制的多边形的边数。

单击选项栏中的 按钮，可打开【多边形选项】设置框。

其中包括【半径】【平滑拐角】【星形】【缩进边依据】和【平滑缩进】等选项。

（1）【半径】参数框：用于输入多边形的半径长度，单位为像素。

（2）【平滑拐角】复选框：选中此复选框，可使多边形具有平滑的顶角。多边形的边数越多，越接近圆形。

（3）【星形】复选框：选中此复选框，可使多边形的边向中心缩进呈星状。

（4）【缩进边依据】设置框：用于设定边缩进的程度。

（5）【平滑缩进】复选框：只有选中【星

形】复选框时此复选框才可选。选中【平滑缩进】复选框可使多边形的边平滑地向中心缩进。

5. 绘制直线

使用【直线工具】  可以绘制直线或带有箭头的线段。

使用方法是：以拖曳的起始点为线段起点，拖曳的终点为线段的终点。按住【Shift】键可以将直线的方向控制在0°、45°或90°方向。

【直线工具】的选项栏如下图所示，其中【粗细】参数框用于设定直线的宽度。

单击选项栏中的  按钮，可弹出【箭头】设置区，包括【起点】【终点】【宽度】【长度】和【凹度】等选项。

（1）【起点】【终点】复选框：二者可选择一个，也可以都选，用以决定箭头在线段的哪一方。

（2）【宽度】参数框：用于设置箭头宽度和线段宽度的比值，数值范围为10%～1000%。

（3）【长度】参数框：用于设置箭头长度和线段宽度的比值，可输入10%～5000%的数值。

（4）【凹度】参数框：用于设置箭头中央凹陷的程度，数值范围为－50%～50%。

6. 绘制播放器图形

01 新建一个15厘米×15厘米的图像。

02 选择【圆角矩形工具】 ，在选项栏中设置前景色为黑色，圆角半径为20像素，绘制一个圆角矩形作为播放器轮廓图形。

03 新建一个图层，使用【矩形工具】 新建一个图层，设置前景色为白色，绘制一个矩形作为播放器屏幕图形。

04 新建一个图层，设置前景色为白色，使用【椭圆工具】⬭绘制一个圆形作为播放器按钮图形。

05 新建一个图层，设置前景色为黑色，再次使用【椭圆工具】⬭绘制一个圆形作为播放器按钮内部图形。

06 新建一个图层，设置前景色为黑色，使用【多边形工具】◯和【直线工具】╱绘制按钮内部符号图形，将多边形的【边】设置为【3】，最终效果如下图所示。

18.2 绘制不规则形状

关键词： 自定形状工具/添加形状/圆角矩形工具/红心形卡/横排文字工具

一分钟

使用【自定形状工具】⬚可以绘制一些特殊的形状，如路径、像素等。绘制的形状可以自己定义，也可以从形状库中进行选择。

【自定形状工具】的选项栏如下图所示。

1.【自定形状工具】的选项栏参数设置

【形状】设置项用于选择所需绘制的形状。单击【形状】⬚右侧的下拉按钮，会出现【自定形状】拾色器，这里存储着可供选择的形状。

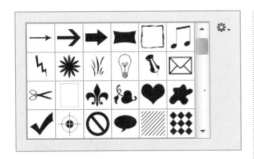

单击面板右上侧的 ⚙. 按钮，可以弹出如下图所示的下拉菜单。

从中可以选择要添加的形状，选择后会弹出如下图所示的对话框，提示是否替换当前的形状，单击【确定】按钮，形状列表中将被替换为所选择的形状。如果单击【追加】按钮，则追加到当前形状列表中。

2. 使用【自定形状工具】绘制纸牌

01 新建一个15厘米×15厘米、背景色为"黑色"的图像，如下图所示。

02 新建一个图层。选择【圆角矩形工具】□，在选项栏中设置前景色为白色，圆角半径设置为20像素，绘制一个圆角矩形作为纸牌轮廓图形。

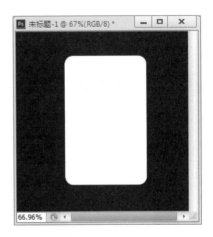

03 再新建一个图层。选择【自定形状工具】🐎，在【自定形状】拾色器中选择【红心 形卡】

图形, 设置前景色为红色。

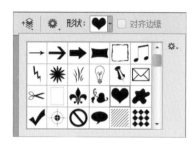

04 在图像上单击, 拖动鼠标即可绘制一个
自定形状, 多次单击并拖动鼠标可以绘
制出大小不同的形状。

05 使用【横排文字工具】输入 "A", 完
成绘制。

18.3 自定义形状

极简时光

关键词: 钢笔工具 / 绘制
图形 / 输入名称 / 自定形
状工具

一分钟

Photoshop CS6 不仅可以使用预置的形
状, 还可以把自己绘制的形状定义为自定义
形状, 以便于以后使用。

自定义形状的操作步骤如下。

01 选择【钢笔工具】绘制出喜欢的图形。

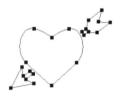

02 选择【编辑】→【定义自定形状】命令,
在弹出的【形状名称】对话框中输入自
定义形状的名称, 然后单击【确定】按钮。

03 选择【自定形状工具】, 然后在【自
定形状】拾色器中找到自定义的形状
即可。

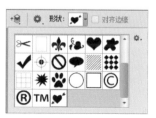

18.4 钢笔工具的使用

【钢笔工具】组是描绘路径的常用工具，而路径是 Photoshop CS6 提供的一种最精确、最灵活的绘制选区边界工具，特别是其中的钢笔工具，使用它可以直接产生线段路径和曲线路径。【钢笔工具】 ◢. 可以创建精确的直线和曲线，它在 Photoshop 中主要有两种用途：一是绘制矢量图形，二是选取对象。在作为选取工具使用时，钢笔工具描绘的轮廓光滑、准确，是精确的选取工具之一。

1. 【钢笔工具】使用技巧

（1）绘制直线：分别在两个不同的地方单击就可以绘制直线。

（2）绘制曲线：单击鼠标绘制出第一点，然后单击并拖曳鼠标绘制出第二点，这样就可以绘制曲线并使锚点两端出现方向线。方向点的位置及方向线的长短会影响到曲线的方向和曲度。

（3）曲线之后接直线：绘制出曲线后，若要在之后接着绘制直线，则需要按【Alt】键暂时切换为【转换点工具】，然后在最后一个锚点上单击，使控制线只保留一段，再松开【Alt】键在新的位置单击另一点即可。

选择【钢笔工具】，然后单击选项栏中的 ✿ 按钮，可以弹出【钢笔选项】设置框。从中选中【橡皮带】复选框，则可在绘制时直观地看到下一节点之间的轨迹。

2. 使用钢笔工具绘制一节电池

01 新建一个 15 厘米 × 15 厘米、背景色为"白色"的图像。

02 选择【钢笔工具】 ◢.，并在选项栏中选择【路径】选项，在图像上确定一个点开始绘制电池。

03 绘制电池下部分。

04 继续绘制电池上部分，最终效果如下图所示。

3. 自由钢笔工具

【自由钢笔工具】可随意绘图，就像用铅笔在纸上绘图一样，绘图时将自由添加锚点，绘制路径时无须确定锚点位置；用于绘制不规则路径，其工作原理与【磁性套索工具】相同，它们的区别在于前者是建立选区，后者建立的是路径。选择该工具后，在图像上单击并拖动鼠标即可绘制路径，路径的形状为鼠标指针移动的轨迹，Photoshop CS6 会自动为路径添加锚点，因而无须设定锚点的位置。

4. 添加锚点工具

【添加锚点工具】可以在路径上添加锚点，选择该工具后，将鼠标指针移至路径上，待指针显示为 形状时单击，可添加一个角点，如下图所示。

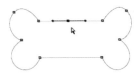

如果单击并拖动鼠标，则可添加一个平滑点，如下图所示。

5. 删除锚点

使用【删除锚点工具】可以删除路径上的锚点。选择该工具后，将鼠标指针移至路径锚点上，待指针显示为 形状时单击，可以删除该锚点。

6. 转换点工具

【转换点工具】用来转换锚点类型，它可将角点转化为平滑点，也可将平滑点转换为角点。选择该工具后，将鼠标指针移至路径的锚点上，如果该锚点是平滑点，单击该锚点可以将其转化为角点，如下图所示。

 提 示

如果该锚点是角点，单击该锚点可以将其转化为平滑点。

牛人干货

1.选择不规则图像

　　下面来讲述如何选择不规则图像。【钢笔工具】不仅可以用来编辑路径，还可以更为准确地选择文件中的不规则图像。具体的操作步骤如下。

01 打开"素材\ch18\1.jpg"图片。

02 在工具箱中单击【自由钢笔工具】，然后在【自由钢笔工具】选项栏中选中【磁性的】复选框。

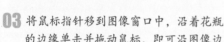

03 将鼠标指针移到图像窗口中，沿着花瓶的边缘单击并拖动鼠标，即可沿图像边缘产生路径。

04 这时在图像中右击，从弹出的快捷菜单中选择【建立选区】命令。

05 弹出【建立选区】对话框，在其中根据需要设置选区的羽化半径。

06 单击【确定】按钮，即可建立一个新的选区。这样图中的花瓶就选择好了。

2.【钢笔工具】显示状态

使用【钢笔工具】 编辑路径的技巧是在使用【钢笔工具】时，鼠标指针在路径和锚点上有不同的显示状态，通过对这些状态的观察，可以判断【钢笔工具】此时的功能，了解鼠标指针的显示状态可以更加灵活地使用钢笔工具。

状态：当指针在画面中显示为 形状时，单击可创建一个角点，单击并拖动鼠标可以创建一个平滑点。

状态：在工具选项栏中选中【自动添加/删除】复选框后，当鼠标指针显示为 形状时，单击可在路径上添加锚点。

状态：选中【自动添加/删除】复选框后，当鼠标指针在当前路径的锚点上显示为 形状时，单击可删除该锚点。

状态：在绘制路径的过程中，将鼠标指针移至路径的锚点上时，鼠标指针会显示为 形状，此时单击可闭合路径。

状态：选择了一个开放的路径后，将鼠标指针移至该路径的一个端点上，指针显示为 形状时单击，便可继续绘制路径，如果在路径的绘制过程中，将【钢笔工具】移至另外一个开放路径的端点上，指针显示为 形状时，单击可以将两端开放式的路径连接起来。

第 19 课

通道与图像合成

在 Photoshop 中，通道是图像文件的一种颜色数据信息存储形式，它与 Photoshop CS6 图像文件的颜色模式密切关联，多个分色通道叠加在一起可以组成一幅具有颜色层次的图像。如果用户只是简单地应用 Photoshop CS6 来处理图片，有时可能用不到通道，但是有经验的用户却离不开通道。

19.1 认识通道

极简时光

关键词：通道 / 工作原理 / RGB 合成通道 /CMYK 合成通道 /【通道】面板

一分钟

通道是 Photoshop 中一个重要的概念和操作，理解和掌握通道的操作，将有助于图像的合成、修饰和特殊效果的设计等。

1. 通道的工作原理与类型

在生活中，人们使用的很多设备都是基于三色合成的原理工作的，如电视机、计算机显示器等，通过红色（R）、绿色（G）与蓝色（B）发射光，在不同的混合比例获得不同的色光。而 Photoshop 也是依据此原理对图像进行处理的，这也是通道的由来，保存了颜色的数据。

当然，对于不同模式的图像，通道的表示方法也不一样。例如，对于 RGB 模式的彩色图像，包括了 RGB 合成通道、R 通道、G 通道和 B 通道；而对于 CMYK 模式的图像，则包含了 CMYK 合成通道、C 通道、M 通道、Y 通道和 K 通道，这些通道都称为图像的基本通道。另外，为了便于图像的处理，Photoshop 还支持 Alpha 通道和专色通道。

在 Photoshop CS6 中 Alpha 通道有 3 种用途：一是用于保存选区；二是可以将选区存储为灰度图像，这样就能够用画笔、加深、减淡等工具及各种滤镜，通过编辑 Alpha 通道来修改选区；三是可以从 Alpha 通道中载入选区。

Photoshop CS6 中专色通道是用来存储印刷用的专色。专色是特殊的预混油墨，如金属金银色油墨、荧光油墨等，它们用于替代或补充普通的印刷色 CMYK 油墨。通常情况下，专色通道都是以专色的名称来命名的。在印刷上，每个专色通道都有一个属于自己的印版，当打印时，该通道将被单独打印出来。

2.【通道】面板的组成元素

在 Photoshop CS6 菜单栏选择【窗口】→【通道】命令，即可打开【通道】面板。在面板中将根据图像文件的颜色模式显示通道数量。【通道】面板用来创建、保存和管理通道。打开一个 RGB 模式的图像，Photoshop CS6 会在【通道】面板中自动创建该图像的颜色信息通道，面板中包含了图像所有的通道，通道名称的左侧显示了通道内容的缩览图，在编辑通道时缩览图通常会自动更新。

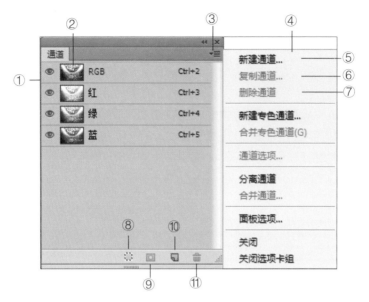

① 通道显示控制列。

② 通道缩览图。

③ 通道菜单按钮：单击该按钮，可打开【通道】面板快捷菜单。

④【通道】面板快捷菜单。

⑤ 单击该按钮，可以新建通道。

⑥ 单击该按钮，可以复制通道。

⑦ 单击该按钮，可以删除通道。

⑧ 将通道作为选区载入：单击该按钮，可将通道中的内容转换为选区。

⑨ 将选区存储为通道：单击该按钮，可将当前图像中的选区转变为一个蒙版，并保存到一个新增的 Alpha 通道中。

⑩ 创建新通道：单击该按钮，将创建新的 Alpha 通道，用户最多创建 24 个新通道。

⑪ 删除当前通道：单击该按钮，将删除当前通道，但不能删除 RGB 主通道。

要选中多条通道，可以在选择【通道】时按【Shift】键；在进行图像编辑时，所有选中的通道均会进行相应的调整。

19.2 分离通道

关键词：打开素材 /【通道】面板 /【分离通道】命令

一分钟

为了便于编辑图像，在 Photoshop CS6 中有时需要将一个图像文件的各个通道分开，使其成为拥有独立文档窗口和【通道】面板的文件，用户可以根据需要对各个通道文件进行编辑，编辑完成后，再将通道文件合成到一个图像文件中，这就是通道的分离与合并。下面首先讲述如何分离通道，具体操作步骤如下。

01 打开"素材 \ch19\19.2.jpg"图片，在 Photoshop CS6 中的【通道】面板中查看图像文件的通道信息。

02 单击【通道】面板右上角的 ▤ 按钮，在
弹出的下拉菜单中选择【分离通道】命令。

03 执行【分离通道】命令后，图像将分为
3 个重叠的灰色图像窗口，下图所示为
分离通道后的各个通道。

04 分离通道后的【通道】面板如下图所示。

19.3 合并通道

极简时光

关键词：【自定形状工
具】/合并图层/【合
并通道】命令/【合并
RGB 通道】对话框

一分钟

　　在完成了对各个原色通道的编辑之后，
还可以合并通道。在选择【合并通道】命令
时会弹出【合并通道】对话框。

01 使用 19.2 节中分离的通道文件。

02 单击工具箱中的【自定形状工具】，在
红通道所对应的文档窗口中创建自定义
形状，并合并图层，如下图所示。

03 单击【通道】面板右侧的三角按钮，在弹出的下拉菜单中选择【合并通道】命令，弹出【合并通道】对话框。在【模式】下拉列表中选择【RGB 颜色】选项，单击【确定】按钮。

04 在弹出的【合并 RGB 通道】对话框中，分别进行如下图所示的设置。

05 单击【确定】按钮，将它们合并成一个 RGB 图像，最终效果如下图所示。

19.4 使用【应用图像】命令合成图像

极简时光

关键词：打开素材 / 创建新通道 / 自定形状工具 / 选择【RGB】通道 / 【应用图像】命令

一分钟

　　【应用图像】命令可以将图像的图层和通道（源）与现用图像（目标）的图层和通道混合。打开源图像和目标图像，并在目标图像中选择所需的图层和通道。图像的像素尺寸必须与【应用图像】对话框中出现的图像的像素尺寸匹配。

01 打开"素材 \ch19\19.4.jpg"图片。

02 选择【窗口】→【通道】命令，打开【通
道】面板，单击【通道】面板下方的【创
建新通道】按钮 🔲，新建【Alpha1】通道。

03 使用【自定形状工具】绘制斜的条状图形，
填充白色。

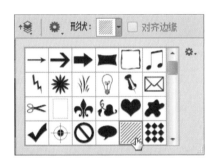

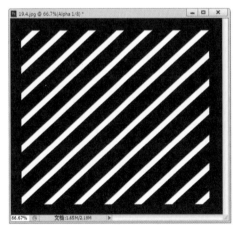

04 选择【RGB】通道，并取消【Alpha1】
通道的显示。

05 选择【图像】→【应用图像】命令，在
弹出的【应用图像】对话框中设置【通道】
为【Alpha1】，【混合】为"叠加"。

提 示

如果要使用图像作为"源"进行合成，
则需要注意的是，源图像和当前图像具
有相同的尺寸和分辨率，并且均已打开，
才能被选择。

06 单击【确定】按钮，得到如下图所示的
效果。

19.5 使用【计算】命令合成图像

极简时光

关键词：打开素材 /【计算】命令 / 新建通道 / 设置前景色 / 填充选区 / 选中【RGB】通道

一分钟

　　【计算】命令与【应用图像】命令的使用方法类似，也只有像素尺寸相同的文件夹才可以参与运算。区别是：运算命令可以选择两个源图像的图层和通道，结果可以是一个新图像、新通道或选区。此外，【运算】命令中不能选择复合通道，因此只能产生灰度效果。【计算】命令中有两种混合模式是图层和编辑工具所没有的，即"相加"和"相减"，可以得到一种特殊的合成图片。

　　【计算】命令用于混合两个来自一个或多个源图像的单个通道，然后将结果应用到新图像或新通道中。下面通过使用【计算】命令制作玄妙色彩图像。

01 打开"素材 \ch19\19.5.jpg"图片。

02 选择【图像】→【计算】命令，在打开的【计算】对话框中设置相应的参数。

03 单击【确定】按钮后，将新建一个【Alpha1】通道。

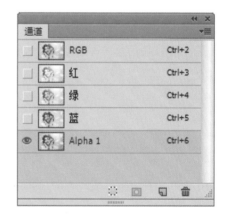

04 选择【绿】通道，然后按住【Ctrl】键的同时单击【Alpha1】通道的缩略图，得到选区。

05 设置前景色为白色，按【Alt+Delete】组
合键填充选区，然后按【Ctrl+D】组合
键取消选区。

06 选中【RGB】通道查看效果，并保存文件。

牛人干货

如何在通道中改变图像的色彩

　　用户除了用【图像】中的【调整】命令以外，还可以使用通道来改变
图像的色彩。颜色通道中存储着图像的颜色信息。图像色彩【调整】命令主
要是通过对通道的调整来起作用的，其原理就是通过改变不同色彩模式下颜色通道的明暗分
布来调整图像的色彩。利用颜色通道调整图像色彩的操作步骤如下。

01 打开"素材\ch19\19.6.jpg"图片。

02 选择【窗口】→【通道】命令，打开【通
道】面板，选择【蓝】通道。

03 选择【图像】→【调整】→【色阶】命令，
打开【色阶】对话框，设置其中的参数。

04 单击【确定】按钮，选择【RGB】通道，
即可看到调整图像色彩的效果。

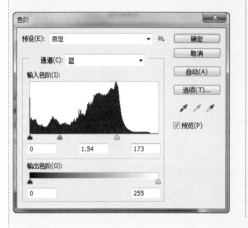

<h1 style="text-align:center">第20课
创建文字及效果</h1>

文字是平面设计的重要组成部分，它不仅可以传达信息，还能起到美化版面、强化主题的作用。Photoshop 提供了多个用于创建文字的工具，文字的编辑和修改方法也非常灵活。

20.1 创建文字和文字选区

极简时光

关键词：打开素材 / 文字工具 / 输入标题 / 段落属性 / 切换字符和段落面板 / 居中对齐文本

一分钟

Adobe Photoshop 中的文字由基于矢量的文字轮廓（即以数学方式定义的形状）组成，这些形状描述字样的字母、数字和符号。文字是人们传达信息的主要方式，文字在设计工作中显得尤为重要。不同的字体及字体的不同大小、颜色传达给人的信息也不相同，所以用户应该熟练地掌握文字的输入与设定。

1. 输入文字

输入文字的工具有【横排文字工具】T、【直排文字工具】IT、【横排文字蒙版工具】和【直排文字蒙版工具】4种，后两种工具主要用来建立文字选区。

01 打开"素材 \ch20\20.1.jpg"图片。

02 选择【文字工具】T，在文档中单击，输入标题文字。

03 选择【文字工具】 ，在文档中单击并向右下角拖动出一个界定框，此时画面中会呈现闪烁的光标，在界定框内输入文本。

当创建文字时，在【图层】面板中会添加一个新的文字图层，在 Photoshop 中，还可以创建文字形状的选框。

2. 设置段落属性

在 Photoshop CS6 中创建段落文字后，可以根据需要调整界定框的大小，文字会自动在调整后的界定框中重新排列，通过界定框还可以旋转、缩放和斜切文字。下面讲解设置段落属性的方法。

01 打开"素材 \ch20\20.2.psd"图片。

02 选中文字后，在选项栏中单击【切换字符和段落面板】按钮圖，弹出【字符】面板，切换到【段落】面板。

03 在【段落】面板上单击【居中对齐文本】按钮圖。

04 文本将居中对齐，最终效果如下图所示。

要在调整界定框大小时缩放文字，应在拖曳手柄的同时按住【Ctrl】键。

若要旋转界定框，可将鼠标指针移至界定框外，此时指针会变为弯曲的双向箭头↩形状。

按住【Shift】键并拖曳，可将旋转角度限制为按15°进行。若要更改旋转中心，按住【Ctrl】键并将中心点拖曳到新位置即可，中心点可以在界定框的外面。

20.2 转换文字形式

极简时光

关键词：点文本 / 段落文本 / 转换为段落文本 / 转换为点文本

一分钟

Photoshop CS6 中的点文本和段落文本是可以相互转换的。如果是点文本，可选择【文字】→【转换为段落文本】命令，将其转化为段落文字后各文本行彼此独立排行，每个文字行的末尾（最后一行除外）都会添加一个回车符。

如果是段落文本，可选择【文字】→【转换为点文本】命令，将其转化为点文本。

20.3 通过面板设置文字格式

极简时光

关键词：文字格式 / 设置字体 / 设置文字大小 / 设置文字颜色 / 设置行距 / 字距调整

一分钟

格式化字符是指设置字符的属性，包括字体、字号、颜色和行距等。输入文字之前，可以在工具选项栏中设置文字属性，也可以在输入文字之后在【字符】面板中为选择的文本或字符重新设置这些属性。

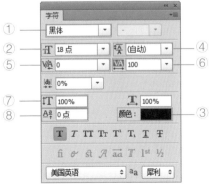

① 设置字体。设置文字的字体。单击

其右侧的下三角按钮，在弹出的下拉列表中可以选择字体。

②设置文字大小。单击字体大小 **T** 选项右侧的 **▼** 按钮，在弹出的下拉列表中选择需要的字号，或者直接在文本框中输入字体大小值。

③设置文字颜色。设置文字的颜色。单击可以打开【拾色器】对话框，从中选择字体颜色。

④设置行距。设置文本中各个文字之间的垂直距离。

⑤字距微调。用来调整两个字符之间的间距。

⑥字距调整。用来设置整个文本中所有的字符。

⑦水平缩放与垂直缩放。用来调整字符的宽度和高度。

⑧基线偏移。用来控制文字与基线的距离。

下面来讲解调整字体的方法。

01 继续上面的文档进行文字编辑。选择文字后，在选项栏中单击【切换字符和段落面板】按钮▤，弹出【字符】面板。在面板中将颜色设置为深咖啡色（R:113，G:54，B:2）。

02 最终效果如下图所示。

20.4 栅格化文字

关键词：【图层】面板 /【文字】命令 /【栅格化】命令

一分钟

输入文字后，便可对文字选择一些编辑操作了，但并不是所有的编辑命令都适用于刚输入的文字，文字图层是一种特殊的图层，不属于图像类型，因此要想对文字进行进一步的操作，就必须对文字图层进行栅格化处理，将文字转换成一般的图像后再进行处理。

下面来讲解文字栅格化处理的方法。

01 按【F7】键，打开【图层】面板，选择文字图层。

02 选择【图层】→【栅格化】→【文字】命令。

03 文字图层栅格化后的效果如下图所示。

提 示

> 文字图层被栅格化后，就成为了一般图形，而不再具有文字的属性。文字图层变为普通图层后，可以对其直接应用滤镜效果。

04 用户在【图层】面板上右击，在弹出的快捷菜单中选择【栅格化文字】命令，也可以得到相同的效果。

20.5 创建变形文字

极简时光

关键词：创建变形文字 / 打开素材 / 输入文字 /【创建变形文字】按钮 / 参数设置

一分钟

为了增强文字的效果，可以创建变形文本。选择创建好的文字，单击 Photoshop CS6 文字选项栏上的【创建变形文字】按钮，可以打开【变形文字】对话框。

1. 创建变形文字

01 打开"素材 \ch20\20.5.jpg"图片。

02 选择【横排文字工具】，在需要输入文字的位置输入文字，然后选中文字。

03 在选项栏中单击【创建文字变形】按钮，在弹出的【变形文字】对话框中的【样式】下拉列表中选择【下弧】选项，

并设置其他参数。

04 单击【确定】按钮，最终效果如下图所示。

2. 【变形文字】对话框的参数设置

（1）【样式】下拉列表：用于选择哪种风格的变形。单击右侧的 ˅ 按钮可弹出样式风格 菜单。

（2）【水平】和【垂直】单选按钮：用于选择弯曲的方向。

（3）【弯曲】【水平扭曲】和【垂直扭曲】设置项：用于控制弯曲的程度，输入适当的数值或拖曳滑块均可。

20.6 创建路径文字

极简时光

关键词：路径文字 / 打开素材 / 绘制路径 / 文字工具 / 输入文字 / 直接选择工具

一分钟

路径文字是可以使用沿着钢笔工具或形状工具创建的工作路径的边缘排列的文字。路

径文字可以分为绕路径文字和区域文字两种。

绕路径文字是文字沿路径放置，可以通过对路径的修改来调整文字组成的图形效果。

区域文字是文字放置在封闭路径内部，形成和路径相同的文字块，然后通过调整路径的形状来调整文字块的形状。

下面创建绕路径文字效果。

01 打开"素材 \ch20\20.6.jpg"图片。

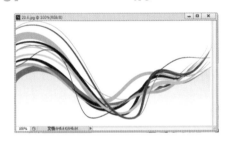

02 选择【钢笔工具】，在工具选项栏中选择【路径】选项，然后绘制希望文本遵循的路径。

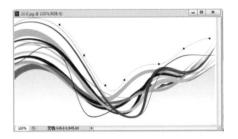

03 选择【文字工具】$\boxed{T}$，将鼠标指针移至路径上，当指针变为 形状时在路径上单击，然后输入文字即可。

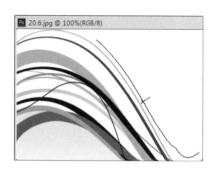

04 选择【直接选择工具】，当指针变为 形状时沿路径拖曳即可。

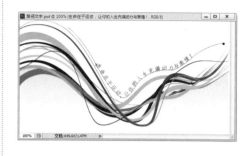

牛人干货

1. 如何在 Photoshop 中添加文字

在 Photoshop CS6 中所使用的字体其实就是调用了 Windows 系统中的字体，如果感觉 Photoshop CS6 中字库文字的样式太单调，则可以向 Windows 字体库中进行添加。字体添加的方法主要有以下两种。

（1）右键安装字体。选择要安装的字体并右击，在弹出的快捷菜单中选择【安装】选项，即可进行安装，如下图所示。

（2）复制到系统字体文件夹中。复制要安装的字体，在计算机地址栏中输入 "C:\WINDOWS\Fonts"，按【Enter】键，进入 Windows 字体文件夹，将内容粘贴到文件夹中即可，如下图所示。

2. 如何使用【钢笔工具】和【文字工具】创建区域文字效果

使用 Photoshop CS6 的【钢笔工具】和【文字工具】可以创建区域文字效果，具体的操作步骤如下。

01 打开 "素材 \ch20\20.7.jpg" 图片。

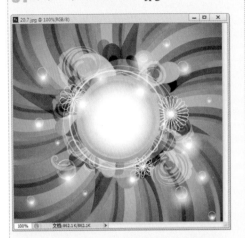

02 选择【钢笔工具】 ，然后在选项栏中选择【路径】选项，创建封闭路径。

03 选择【文字工具】，将鼠标指针移至路径内，当指针变为 形状时，在路径内单击并输入文字，或者将复制的文字粘贴到路径内即可。

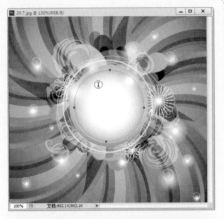

04 在工具箱中选择【直接选择工具】，调整路径的形状，即可调整文字块的形状。

第 21 课
滤镜的应用

　　滤镜主要用来实现图像的各种特殊效果，如风吹效果、浮雕效果、光照效果等，它在 Photoshop 中具有非常神奇的作用。在 Photshop 中内置了很多滤镜，每一种滤镜又提供了多种细分的滤镜效果，为用户处理位图提供了极大的方便。本课将讲解滤镜的应用。

21.1 认识滤镜及其使用方法

极简时光

关键词：滤镜 / 图像特效 / 编辑图像 / 使用规则 / 使用技巧

一分钟

　　滤镜主要用来处理图像的各种特殊效果，虽然使用起来极为简单，但是要用得恰到好处却并非易事，本节将介绍滤镜及其使用方法。

1. 滤镜的概念

　　滤镜是摄影上的术语，它原是一种摄影器材，后来摄影师为了呈现特殊的色彩和拍摄效果，在照相机的镜头前安装了滤镜。例如,现在的手机照相功能就集合了很多滤镜，常见的有柔光、唯美、黑白、LOMO 等，这些都是特殊效果，如下图所示，上面的图为正常镜头拍摄，而下面的图则使用了 LOMO 镜头，其主要色彩发生了改变。

　　在 Photoshop 中包含了 100 多个滤镜，它们可以让普通的图像呈现出与相机滤镜相同的视觉效果,而这些功能全部集中在【滤镜】菜单中。

滤镜(T)	3D(D)	视图(V)	窗口(W)	
上次滤镜操作(F)			Ctrl+F	
转换为智能滤镜				
滤镜库(G)...				
自适应广角(A)...			Shift+Ctrl+A	
镜头校正(R)...			Shift+Ctrl+R	
液化(L)...			Shift+Ctrl+X	
油画(O)...				
消失点(V)...			Alt+Ctrl+V	
风格化			▶	
模糊			▶	
扭曲			▶	
锐化			▶	
视频			▶	
像素化			▶	
渲染			▶	
杂色			▶	
其它			▶	
Digimarc			▶	
浏览联机滤镜...				

2. 滤镜的种类和用途

Photoshop CS6 的内置滤镜主要有以下两种用途。

第一种用于创建具体的图像特效，如可以生成粉笔画、图章、纹理、波浪等效果。此类滤镜的数量最多，绝大多数都在【风格化】【模糊】【扭曲】【锐化】【视频】【像素化】【渲染】【杂色】等滤镜组中，除【扭曲】及其他少数滤镜外，基本上都是通过【滤镜库】来管理和应用的。

第二种主要用于编辑图像，如减少图像杂色和提高清晰度等，这些滤镜在【模糊】【锐化】【杂色】等滤镜组中。此外，【液化】【消失点】和【扭曲】滤镜组中的【镜头校正】也属于此类滤镜。这 3 种滤镜比较特殊，它们功能强大，并且有自己的工具和独特的操作方法，更像是独立的软件。

3. 滤镜的使用规则

（1）Photoshop 在应用滤镜时，如果没有创建选区，则对整个图像进行处理，如果当前选中的是一个图层或通道，则对当前图层或通道起作用，且图层必须是可见的。

（2）滤镜的处理效果是以像素为单位的，因此，用相同的参数处理不同分辨率的图像，其效果也会不同。

（3）只对局部图像进行滤镜效果处理时，可以对选区设置羽化值，使处理区域和源图像更好地融合。

（4）在位图和索引颜色的色彩模式下，不能使用滤镜。另外，不同的色彩模式下滤镜使用范围也不同。例如，CMYK 和 Lab 色彩模式下，就不可使用素描、纹理及艺术效果等滤镜。

（5）在任一滤镜对话框中，按【Alt】键，对话框中的【取消】按钮会变为【复位】按钮，单击该按钮，可以将滤镜设置恢复到刚打开对话框的状态。

4. 使用技巧

（1）可以对单独的某一层图像使用滤镜，然后通过色彩混合合成图像。

（2）可以对单个色彩通道或 Alpha 通道执行滤镜，然后合成图像，或者将 Alpha 通道中的滤镜效果应用到图像中。

（3）可以通过制作选区，并对选区设置羽化值，再对图像执行滤镜，从而使选区图像与源图像较好地融合。

（4）可以将多个滤镜效果组合使用，或者记录为一个"动作"，从而制作出漂亮的文字和图形效果。

21.2 使用滤镜制作扭曲效果

【扭曲】滤镜可以使图像产生各种扭曲变形的效果。在【扭曲】滤镜中，包括了波浪、波纹、极坐标、挤压、切变、球面化、水波、旋转扭曲、置换。【扭曲】滤镜将图像进行几何扭曲，创建 3D 或其他扭曲效果。本节以【挤压】滤镜为例介绍如何制作扭曲效果。

【挤压】滤镜可以使图像产生一种凸起或凹陷的效果。在设置面板中，可以通过调整数量来控制挤压的程度。数量为正，则是向内挤压，数量为负，则是向外挤压，形成凸出的效果。下面以实例操作介绍【挤压】滤镜的应用。

01 打开"素材 \ch21\21.2.jpg"图片。

02 选择【滤镜】→【扭曲】→【挤压】命令。

03 弹出【挤压】对话框，在【数量】文本框中输入调整值，也可以边拖曳滑块，边预览效果，设置完成后，单击【确定】按钮。

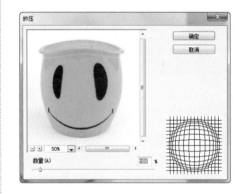

04 返回图像界面，最终效果如下图所示。

21.3 使用滤镜制作风格化效果

极简时光

关键词：风格化效果 / 打开素材 / 【风】命令

一分钟

　　风格化滤镜主要针对图像的像素进行调整，可以强化图像色彩的边界。因此，图像的对比度对风格化的一些滤镜影响大。【风格化】滤镜通过置换像素和查找并增加图像的对比度，在选区中生成绘画或印象派的效果。在使用【查找边缘】和【等高线】等突出显示边缘的滤镜后，可应用【反相】命令用彩色线条勾勒彩色图像的边缘，或者用白色线条勾勒灰度图像的边缘。

　　本节以【风】滤镜为例，介绍其滤镜的使用。【风】滤镜可以在图像中色彩相差比较大的边界上增加一些水平的短线，来模拟一个刮风的效果。通过【风】滤镜可以在图像中放置细小的水平线条来获得风吹的效果，主要包括【风】【大风】（用于获得更生动的风效果）和【飓风】（使图像中的线条发生偏移）。

01 打开 "素材 \ch21\21.3.jpg" 图像文件。

02 选择【滤镜】→【风格化】→【风】命令，打开【风】对话框，在【方法】和【方向】选项区域进行设置，然后单击【确定】按钮。

03 返回图像界面，最终效果如下图所示。

21.4 使用滤镜使图像清晰或模糊

　　锐化滤镜可以使模糊的图像变得清晰，使用【锐化】滤镜，会自动增加图像中相邻像素的对比度，从而使整体看起来清晰一些。在【锐化】滤镜中，包括了【USM 锐化】【锐化】【进一步锐化】【锐化边缘】【智能锐化】5 种滤镜效果。

　　【锐化】滤镜通过增加相邻像素的对比度来聚焦模糊的图像。【模糊】滤镜柔化选区或整个图像，这对于修饰非常有用。它们通过平衡图像中已定义的线条和遮蔽区域的清晰边缘旁边的像素使变化显得柔和。

1. USM 锐化效果

极简时光

关键词：USM 锐化 /
【USM 锐化】对话框 /
【USM】滤镜

一分钟

　　USM 锐化是一个常用的技术，简称 USM，是用来锐化图像中的边缘的，可以快速调整图像边缘细节的对比度，并在边缘的两侧生成一条亮线一条暗线，使画面整体更加清晰。对于高分辨率的输出，通常锐化效果在屏幕上显示比印刷出来的更明显。

01 打开"素材 \ch21\21.4.1.jpg"图片，选择【滤镜】→【锐化】→【USM 锐化】命令，弹出【USM 锐化】对话框，设置各个参数，单击【确定】按钮。

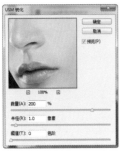

提 示

　　【USM 锐化】对话框中的各个参数如下。

　　（1）【数量】：通过滑动滑块调整数量，可以控制锐化效果的强度。

　　（2）【半径】：是指锐化的半径大小。该设置决定了边缘像素周围影响锐化的像素数。图像的分辨率越高，半径设置应越大。

　　（3）【阈值】：是相邻像素的比较值。阈值越小，锐化效果越明显。该设置决定了像素的色调必须与周边区域的像素相差多少才被视为边缘像素，进而使用【USM】滤镜对其进行锐化。默认值为 0，这将锐化图像中所有的像素。

02 返回图像界面，最终效果如下图所示。

极简时光

关键词：景深效果 /【羽化（羽化半径为 1）】命令 /【镜头模糊】对话框

一分钟

2. 景深效果

　　所谓景深，就是当焦距对准某一点时其前后仍可清晰的范围。它能决定是把背景模糊化来突出拍摄对象,还是拍出清晰的背景。
镜头【模糊】滤镜是一个比较实用的滤镜,
可以用来模拟景深效果,以便使图像中的一
些对象在焦点内,而使另一些区域变模糊。

01 打开"素材\ch21\21.4.2.jpg"图片,如果
需要将人物后面的场景进行模糊,镜头
中的人物还是清晰的,需要将人物建立
选区,按【Ctrl+Shift+I】组合键将选区
反选,选择【选择】→【羽化(羽化半
径为1)】命令。

02 选择【滤镜】→【模糊】→【镜头模糊】
命令,弹出【镜头模糊】对话框,设置
各个参数,单击【确定】按钮。

03 返回图像界面,最终效果如下图所示。

21.5 使用滤镜制作艺术效果

极简时光

关键词:打开素材/【滤
镜库】命令/【艺术效果】
选项/参数设置面板

一分钟

　　艺术效果滤镜组中包含了很多艺术滤
镜,可以模拟一些传统的艺术效果,或者模
拟一些天然的艺术效果。

　　使用【艺术效果】下拉列表中的滤镜,
可以为美术或商业项目制作和提供绘画效果
或艺术效果。例如,使用【木刻】滤镜进行
拼贴或印刷,这些滤镜模仿自然或传统介质
效果。可以通过【滤镜库】命令来应用所有【艺
术效果】滤镜。

01 打开"素材\ch21\21.5.jpg"图片。

02 选择【滤镜】→【滤镜库】命令，打开如下图所示的对话框，即可看到对话框中间位置的
列表中包含了多种滤镜，选择【艺术效果】选项，可以看到其下拉列表中包含了 15 种艺
术效果滤镜，其右侧为滤镜对应的参数设置面板，当选中某个滤镜后，即可预览该滤镜应
用后的效果，单击【确定】按钮即可应用。

03 下图所示分别为应用了滤镜的几种艺术效果，供读者预览。

海报边缘滤镜效果

胶片颗粒滤镜效果

涂抹棒滤镜效果

水彩滤镜效果

🐢 牛人干货

1. 使用滤镜给照片去噪

　　往往由于相机品质或 ISO 设置不正确等原因造成照片有明显的噪点，但是通过后期处理可以将这些问题解决。下面将为大家介绍如何在 Photoshop CS6 中为照片去除噪点，具体的操作步骤如下。

01 打开 "素材 \ch21\ 桃花 .jpg" 图片，将图像显示放大至 200%，以便局部观察。

02 选择【滤镜】→【杂色】→【去斑】命令，执行后会发现细节表现略好，不过会存在画质丢失的现象。

03 选择【滤镜】→【杂色】→【蒙尘与划痕】命令，通过调节 "半径" 和 "阈值" 滑块，

同样可以达到去噪效果，通常设置半径值为 1 像素即可；而阈值可以对去噪后画面的色调进行调整，将画质损失减少到最低。设置完成后单击【确定】按钮即可。

04 适当用【锐化工具】对花朵的重点表现部分进行锐化处理即可。

2. Photoshop CS6 滤镜与颜色模式

　　如果 Photoshop CS6【滤镜】菜单中的某些命令显示为灰色，就表示它们无法执行。通常情况下，这是由于图像的颜色模式造成的。RGB 模式的图像可以使用全部滤镜，一部分滤镜不能用于 CMYK 模式的图像，索引和位图模式的图像则不能使用任何滤镜。如果要对 CMYK、索引或位图模式图像应用滤镜，可在菜单栏选择【图像】→【模式】→【RGB 颜色】命令，将其转换为 RGB 模式。

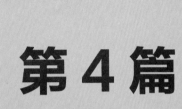

第 4 篇
实战案例

第 22 课

数码照片的修复

Photoshop 堪称照相馆里的"魔术师",是数码照片修复的真正利器。无论是将旧照片翻新、修复模糊的照片、修复曝光的照片、调整暗部照片,还是去除照片上的多余杂物等,都可以使数码照片后期处理效果达到满意。本课讲述 Photoshop 修复照片的技法。

22.1 将旧照片翻新

极简时光

关键词:修复划痕 / 调整色彩 / 调整图像亮度和对比度 / 调整图像饱和度

一分钟

家里总有一些泛黄的旧照片,大家可以通过 Photoshop CS6 来修复这些旧照片。本实例主要使用【污点画笔修复工具】【色彩平衡】命令和【曲线】命令等处理旧照片。处理前后效果如下图所示。

（1）修复划痕。

01 打开"素材 \ch22\ 旧照片 .jpg"图片。

02 选择【污点修复画笔工具】 ，并在参数设置栏中进行如下图所示的设置。

03 将鼠标指针移到需要修复的位置并单击，即可修复划痕。

04 对于背景大面积的污渍，可以选择【修复画笔工具】 ，将鼠标指针移到需要修复的位置，按住【Alt】键，在需要修复位置的附近单击进行取样，然后在需要修复的位置单击即可修复划痕。

（2）调整色彩。

01 选择【图像】→【调整】→【色相/饱和度】命令，调整图像色彩。在弹出的【色相/饱和度】对话框中设置【色相】为【5】、【饱和度】为【30】。

02 单击【确定】按钮，效果如下图所示。

（3）调整图像亮度和对比度。

01 选择【图像】→【调整】→【亮度/对比

度】命令，在弹出的【亮度／对比度】对话框中拖动滑块来调整图像的亮度和对比度（或设置【亮度】为【8】、【对比度】为【62】）。

02 单击【确定】按钮，效果如下图所示。

提 示

处理旧照片主要是修复划痕和调整颜色，因为旧照片通常都泛黄，因此在使用【色彩平衡】命令时应该相应地降低黄色成分，以恢复照片本来的色彩效果。

（4）调整图像饱和度。

01 选择【图像】→【调整】→【自然饱和度】命令，在弹出的【自然饱和度】对话框中，调整图像的【自然饱和度】为【100】。

02 单击【确定】按钮，效果如下图所示。

03 选择【图像】→【调整】→【色阶】命令，在弹出的【色阶】对话框中调整色阶参数，如下图所示。

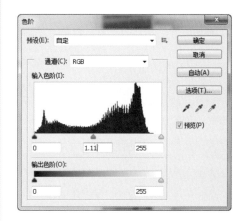

04 单击【确定】按钮，并保存为"修复旧照片 .jpg"，最终效果如下图所示。

22.2 修复模糊的照片

关键词：选择【锐化工具】/【USM 锐化】命令

一分钟

许多朋友出游拍的好多照片的表情和姿态都不错，可就是由于光线和对焦不是很好，照片有点模糊，真是太可惜了。下面来教大家如何修复这些模糊的照片，使之变清晰。处理前后效果如下图所示。

01 打开"素材 \ch22\ 模糊照片 .jpg"图片。

02 选择【锐化工具】 △ ，并在参数设置栏中进行如下图所示的设置。

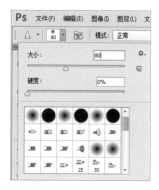

03 在眼睛部位涂抹，可以看到涂抹之处，图像会慢慢变得清晰起来，只要慢慢涂，让它的清晰度达到理想即可，如果涂过头，就会出现难看的杂色和斑点了。

04 选择【滤镜】→【锐化】→【USM 锐化】命令，弹出【USM 锐化】对话框，在本例中设置较大的数量值，以取得更加清晰的效果；设置较小的半径值，以防止损失图片质量；设置最小的阈值，以确定需要锐化的边缘区域。

05 单击【确定】按钮完成修复，保存文件，最终效果如下图所示。

22.3 修复曝光问题

关键词：【自动色调】命令 /【曲线】对话框 /【色彩平衡】对话框

一分钟

本实例主要讲解使用【自动对比度】【自动色调】和【曲线】等命令来修复曝光过度的照片。制作前后效果如下图所示。

01 打开"素材 \ch22\ 曝光过度 .jpg"图片。

02 选择【图像】→【自动色调】命令，调整图像颜色。然后选择【图像】→【自动对比度】命令，调整图像对比度。

03 选择【图像】→【调整】→【曲线】命令，在弹出的【曲线】对话框中拖拉曲线，调整图像的颜色。

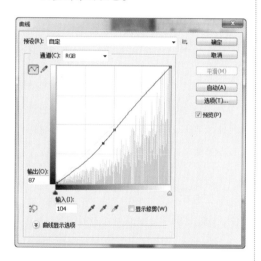

04 单击【确定】按钮，效果如下图所示。

05 选择【图像】→【调整】→【色彩平衡】命令，在弹出的【色彩平衡】对话框中，设置【色阶】分别为【0】【-22】【-22】。

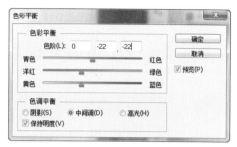

06 单击【确定】按钮，完成照片修复，保存照片后，效果如下图所示。

　　【自动色调】命令可以增强图像的对比度，在像素平均分布并且需要以简单的方式增强对比度的特定图像中，该命令可以提供较好的结果。在使用Photoshop修复照片的第一步，就可使用此命令来调整图像。

22.4 调整照片暗部

在拍摄的时候，会因为光线不足或角度
的问题使拍摄出的图像偏暗。本实例主要使
用【色阶】和【曲线】命令处理拍摄出的图
像偏暗问题。处理前后效果如下图所示。

01 打开"素材 \ch22\ 暗部照片 .jpg"图片。

02 选择【图像】→【调整】→【曲线】命令，
将鼠标指针放置在曲线需要移动的位置，
然后按住鼠标左键向上拖动以调整亮度
（或者在【曲线】对话框中设置【输入】
为【101】，【输出】为【148】）。

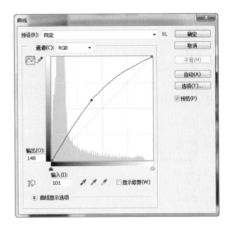

03 单击【确定】按钮，完成图像的调整，
效果如下图所示。

04 选择【图像】→【调整】→【色阶】命令，在弹出的【色阶】对话框中【输入色阶】选项区域中，依次输入【0】【1.63】和【255】。

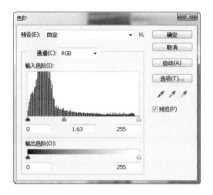

05 单击【确定】按钮，即可完成照片修复，保存图片，效果如下图所示。

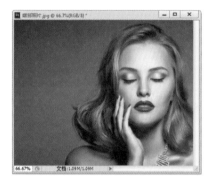

22.5 去除照片上的多余物

关键词：选择【仿制图章工具】/【曲线】命令/【输出】文本框

一分钟

在拍照的时候，照片上难免会出现一些自己不想要的人或物体，下面就来使用【仿制图章工具】和【曲线】等命令清除照片上多余的人或物。制作前后效果如下图所示。

01 打开"素材\ch22\多余物.jpg"图片。

02 选择【仿制图章工具】，并在其参数设置栏中进行设置，在需要去除物体的边缘按住【Alt】键吸取相近的颜色，然后在去除物上拖曳去除即可。

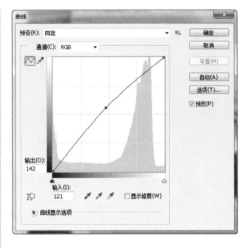

04 单击【确定】按钮，完成图像的修复，保存图片，最终效果如下图所示。

03 多余物全部去除后，选择【图像】→【调整】→【曲线】命令，在弹出的【曲线】对话框中拖曳曲线以调整图像亮度（或者在【输出】文本框中输入【142】，在【输入】文本框中输入【121】）。

第 23 课

人物肌肤美白及瘦身

　　人像后期处理是数码照片处理数量较多的一种，也是不少摄影师和平面爱好者所困扰的问题，其中人物五官、面容、肌肤的处理是最为关心的处理区域，可以给照片带来更精致的效果，本课将带领大家实战操作人物美颜的处理。

23.1　美化双瞳

极简时光

关键词：【液化】对话框 / 设置【画笔大小】/【液化】命令

一分钟

　　本实例介绍使用 Photoshop 中的【画笔工具】和【液化】命令快速地将小眼睛变为迷人的大眼睛的方法。制作前后效果如下图所示。

01 打开"素材 \ch23\ 小眼睛 .jpg"图片。

02 选择【滤镜】→【液化】命令，在弹出的【液

185

化】对话框中设置【画笔大小】为【50】、【画笔浓度】为【50】、【画笔压力】为【100】。

单击左侧的【向前变形工具】按钮，使用鼠标在右眼的位置从中间向外拉伸。

03 修改完右眼后继续修改左眼。

04 修改完成后，单击【确定】按钮。小眼睛变迷人大眼睛的最终效果如下图所示。

23.2 美白牙齿

在 Photoshop 中应用几个步骤就可以轻松地为人像照片进行牙齿美白。如果对象的牙齿有均匀的色斑，应用此技术可以使最终的人物照片看上去要好得多。下图所示为美白牙齿的前后对比效果。

01 打开"素材 \ch23\ 美白牙齿 .jpg"图片。

02 使用【套索工具】在要美白的牙齿周围创建选区。

03 选择【选择】→【修改】→【羽化】命令，打开【羽化选区】对话框，设置【羽化半径】为【1】。羽化选区可以避免美白的牙齿与周围区域之间出现锐利边缘。

04 选择【图像】→【调整】→【曲线】命令，创建【曲线】调整图层，在【曲线】对话框中对曲线进行调整，如下图所示。

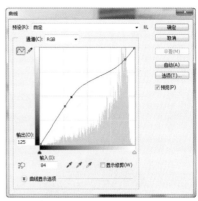

05 绘制完成后的最终效果如下图所示。

23.3 打造 V 字脸

极简时光

关键词：【液化】对话框 / 选择【向前变形工具】/ 调整画笔大小

一分钟

拍摄完照片之后，可能会因为这样那样的原因发现自己的脸型拍得很不好看，或者对自己的脸型本来就不满意，又想有一张完美的照片发布到网上，这个时候可以利用 Photoshop 的【液化工具】，非常轻松地修改一下脸型，制作前后效果如下图所示。

当而损坏原图层。

03 选择【背景 副本】图层，选择【滤镜】→【液化】命令，弹出【液化】对话框，选择左上角的【向前变形工具】，并在右侧的【工具选项】选项区域调整画笔大小，选择合适的画笔。

01 打开"素材 \ch23\V 字脸 .jpg"图片。

04 可以按【Ctrl++】组合键放大图片，以便进行细节调整，用画笔点选需要调整的位置，小幅度拖曳，如下图所示。

02 复制【背景】图层，可以避免因操作不

05 细心调整脸型直到自己想要的效果，最终效果如下图所示。

23.4 手臂瘦身

极简时光

关键词：【液化】对话框 / 调整画笔大小

一分钟

对自己的手臂较粗不满意的时候，可以利用 Photoshop 的【液化工具】，非常轻松地修改一下手臂，制作前后效果如下图所示。

01 打开"素材 \ch23\ 手臂瘦身 .jpg"图片。

02 复制【背景】图层，这样可以避免因操作不当而损坏原图层。

03 选择【背景 副本】图层,选择【滤镜】→【液化】命令,弹出【液化】对话框,选择左上角的【向前变形工具】 🔛,并在右侧的【工具选项】选项区域调整画笔大小,选择合适的画笔。

05 细心调整直到需要的效果,最终效果如下图所示。

04 可以按【Ctrl++】组合键放大图片,以便进行细节调整,用画笔点选需要调整的位置,小幅度拖曳,如下图所示。

照片的特效制作

除了对照片人物进行美化外，还可以为照片添加一些特效，使之更为精致好看。特效的制作方法非常多，本课将讲述几种照片的特效制作实例，希望能给读者带来创作思路，可以根据自己的想法创作出不同的图像特效。

24.1 制作光晕梦幻效果

极简时光

关键词：【图层样式】对话框 / 选择【定义画笔预设】命令 /【高斯模糊】命令

一分钟

本实例介绍非常实用的光晕梦幻画面的制作方法。主要使用的是自定义画笔，制作之前需要先制作出一些简单的图形，不一定是圆圈，其他图形也可以。将其定义成画笔后就可以添加到图片上面，适当改变图层混合模式及颜色即可，也可以多添加几层用模糊滤镜来增强层次感。制作前后效果如下图所示。

01 打开"素材 \ch24\ 梦幻效果 .jpg"图片。

02 下面制作所需的笔刷，创建一个新图层，隐藏【背景】图层，使用【椭圆工具】按住【Shift】键画一个黑色的圆形，设置【不透明度】为【50%】、【填充】为【100%】。

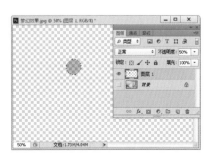

03 添加一个黑色描边，选择【图层】→【图层样式】→【描边】命令，在打开的【图层样式】对话框中设置参数，效果如下图所示。

04 选择【编辑】→【定义画笔预设】命令，在弹出的【画笔名称】对话框中的【名称】文本框中输入"光斑"，单击【确定】按钮，这样就制作好笔刷了。

05 选择【画笔工具】，按【F5】键调出画笔调板对画笔进行设置。

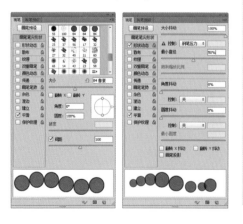

06 显示【背景】图层，新建【图层2】，把【图层1】隐藏，用刚刚设置好的画笔在【图层2】上点几下（在点的时候，画笔大小按情况而变动），画笔颜色随自己喜欢，本实例使用白色。

07 光斑还是很生硬，为了使光斑梦幻、层次丰富，可以选择【滤镜】→【模糊】→【高斯模糊】命令，设置【半径】为【1.0】。

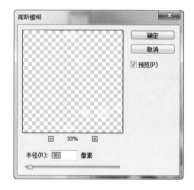

08 新建两个图层，按照同样的方法在【图层3】中画出光斑（画笔比第一次要小一些，模糊半径为 0.3 像素），【图层 4】画笔再小一点，不需要模糊，效果如下图所示。

24.2 制作浪漫雪景效果

极简时光

关键词： 创建一个新图层 / 设置画笔 /【镜头光晕】命令

一分钟

本实例介绍非常实用的浪漫雪景效果的制作方法。精湛的摄影技术，再加上后期的修饰点缀，才算是一幅完整的作品，下面来学习如何打造朦胧雪景的浪漫冬季，制作前后效果如下图所示。

01 打开"素材 \ch24\ 雪景效果 .jpg"图片。

02 创建一个新图层，并选择【画笔工具】，按【F5】键调出画笔调板，对画笔进行设置，如下图所示。

04 这时已经算是完成了，但由于雪是反光的，还可以再加上镜头的光斑效果，光斑效果依照上例制作。

05 选择【背景】图层，然后选择【滤镜】→【渲染】→【镜头光晕】命令，在弹出的【镜头光晕】对话框中进行参数设置，然后单击【确定】按钮进行确认。

03 用刚刚设置好的画笔在【图层 1】上绘制几个雪点（在绘制雪点的时候，画笔大小按情况而变动），画笔颜色使用白色。

06 即可完成设置，保存图像文件，最终效果如下图所示。

24.3 制作电影胶片效果

极简时光

关键词：【色相 / 饱和度】
命令 /【添加杂色】命令

一分钟

　　那些胶片质感的影像总是承载着太多难忘的回忆，它那细腻而优雅的画面，令一群数码时代的摄影师为之疯狂，这一群体被贴上了"胶片控"的美名。但是还有一部分人苦于胶片制作的烦琐，于是运用后期来达到胶片成像的效果。下面来学习如何制作电影胶片味儿十足的文艺相片效果，制作前后效果如下图所示。

01 打开"素材 \ch24\ 电影胶片效果 .jpg"图片，复制【背景】图层。

02 选择【图像】→【调整】→【色相 / 饱和度】命令，参照如下图所示的参数进行调节，然后单击【确定】按钮。

03 选择【图像】→【调整】→【色相 / 饱和度】命令，选择【青色】选项并用吸管工具点选天空蓝色的颜色，参照如下图所示的【色相】【饱和度】和【明度】的参数进行调节。

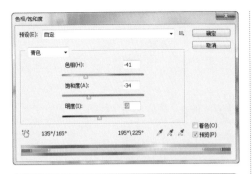

04 单击【图层】面板上的 按钮，为图像添加【照片滤镜】效果，选择黄色的滤镜，效果如下图所示。

05 选择【背景】图层，然后单击【滤镜】→【杂色】→【添加杂色】命令，为图像添加杂色效果。

06 如果有合适的划痕画笔，可以添加适当的划痕效果，完成后保存图像文件，最终效果如下图所示。

24.4 制作秋色调效果

极简时光

关键词：【Lab 颜色】模式 / 复制【背景】图层 / 选择【通道混合器】

一分钟

深邃幽蓝的天空、悄无声息的马路、黄灿灿的法国梧桐树。无论从什么角度，取景框里永远是一幅绝美的图画。但如果天气不给力，树叶不够黄，如何使拍摄的照片更加充满秋天的色彩呢？下面为大家介绍一个简单易学的摄影后期处理方法，制作前后效果如下图所示。

01 打开"素材\ch24\秋色调效果.jpg"图片，把图片颜色模式由【RGB 颜色】模式改为【Lab 颜色】模式。

02 复制【背景】图层，把图层改成【正片叠底】的模式，并把图层【不透明度】设置为【50%】，如下图所示。

03 颜色模式改回【RGB 颜色】模式，并根据提示选择拼合图层。

04 再次复制【背景】图层，并把图层混合模式改为【滤色】，把【不透明度】设置为【60%】。

05 在图层中选择【通道混合器】调整图层，设置参数如下图所示。

整参数设置，最终效果如下图所示。

06 根据图像需要，在【曲线】对话框中调

第 25 课
生活照片的处理

本课主要介绍如何处理一些生活中的照片，如风景照片的处理、婚纱照片的处理、写真照片的处理、儿童照片的处理和工作照片的处理等。

25.1 风景照片的处理

极简时光

关键词：【高反差保留】
对话框 /【亮度 / 对比度】
对话框 /【曲线】对话框

一分钟

本实例主要使用【复制】图层、【亮度和对比度】、【曲线】和【叠加】模式等命令处理一张带有雾蒙蒙的效果的风景图，通过处理，让照片重新显示明亮、清晰的效果。制作前后效果如下图所示。

01 打开"素材 \ch25\ 雾蒙蒙 .jpg"图片，并复制【背景】图层。

02 选择【滤镜】→【其他】→【高反差保留】命令，弹出【高反差保留】对话框，在【半径】文本框中输入"5"，单击【确定】按钮。

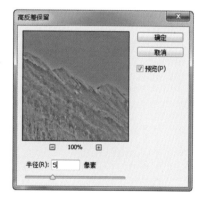

03 选择【图像】→【调整】→【亮度 / 对比度】命令，弹出【亮度 / 对比度】对话框，设置【亮度】为【-10】、【对比度】为【30】，单击【确定】按钮。

04 在【图层】面板中，设置图层模式为【叠加】模式、【不透明度】为【80%】。

05 选择【图像】→【调整】→【曲线】命令，弹出【曲线】对话框，设置输入和输出参数。读者可以根据预览的效果调整不同的参数，直到效果满意为止，单击【确定】按钮即可。

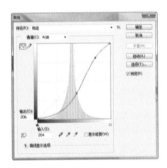

06 完成设置后，保存图像文件，最终效果如下图所示。

25.2 婚纱照片的处理

极简时光

关键词：【动作】面板 /【动作】命令 / 选择【木质画框-50 像素】动作

一分钟

本实例主要使用 Photoshop CS6【动作】面板中自带的命令为现代婚纱照片添加木质画框的效果。制作前后效果如下图所示。

01 打开 "素材 \ch25\ 婚纱照 .jpg" 图片。

02 选择【窗口】→【动作】命令，打开【动作】面板。

03 在【动作】面板中选择【木质画框-50像素】动作，然后单击面板下方的【播放选定动作】按钮 。

04 播放完毕的效果如下图所示。

提 示

在使用【木质画框】动作时，所选图片的宽度和高度均不能低于100像素，否则此动作将不可用。

25.3 写真照片的处理

极简时光

关键词：【动作】面板 /【动作】命令 / 选择【棕褐色调（图层）】

一分钟

本实例主要使用 Photoshop CS6【动作】面板中自带的命令将艺术照片快速设置为棕褐色照片。制作前后效果如下图所示。

01 打开"素材 \ch25\ 艺术照 .jpg" 图片。

02 选择【窗口】→【动作】命令，打开【动作】面板。

03 在【动作】面板中选择【棕褐色调（图层）】动作，然后单击面板下方的【播放选定动作】按钮 ▶。

04 播放完毕的效果如下图所示。

提 示

在 Photoshop CS6 中，【动作】面板可以快速为照片设置理想的效果，用户也可以新建动作，为以后快速处理照片做准备。

25.4 儿童照片的处理

极简时光

关键词：选择【标尺工具】/【信息】命令/【旋转画布】对话框/选择【裁剪工具】

一分钟

本实例主要是利用【标尺工具】将儿童照片调整为趣味的倾斜照片效果。制作前后效果如下图所示。

01 打开"素材 \ch25\ 倾斜照片 .jpg"图片。

02 选择【标尺工具】███，在画面的底部拖曳出一条倾斜的度量线。

03 选择【窗口】→【信息】命令，打开【信息】面板。

04 选择【图像】→【图像旋转】→【任意角度】命令，打开【旋转画布】对话框，设置【角度】为【20.1】，然后单击【确定】按钮。

05 照片即会逆时针旋转，如下图所示。

06 选择【裁剪工具】 🔲 ，修剪图像。

07 修剪完毕后按【Enter】键确定，最终效果如下图所示。

25.5 工作照片的处理

【极简时光】

关键词：【新建】命令 /
【拾色器（背景色）】
对话框 / 选择【磁性套索
工具】

一分钟

本实例主要使用【移动工具】和【磁性套索工具】等将一张普通的照片调整为一张证件照片。制作前后效果如下图所示。

01 选择【文件】→【新建】命令，在弹出的【新建】对话框中创建一个【宽度】为【2.7厘米】、【高度】为【3.8厘米】、【分辨率】为【200 像素 / 英寸】、【颜色模式】为【CMYK 颜色】的新文件，单击【确定】按钮进行创建。

02 单击【设置背景色】按钮，在打开的【拾色器（背景色）】对话框中设置颜色（C:100,M:0, Y:0, K:0），单击【确定】按钮。

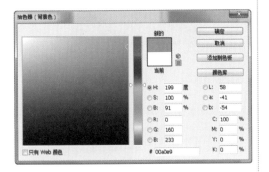

03 按【Ctrl+Delete】组合键填充背景颜色，如下图所示。

04 在【图层】面板中的【背景】图层上双击为图层解锁，变成【图层 0】。

05 打开"素材 \ch25\ 大头照 .jpg"图片。

06 选择【磁性套索工具】 ，在人物背景上建立选区。

07 选择【选择】→【反向】命令或按【Shift+

Ctrl+I】组合键，反选选区。

08 选择【选择】→【修改】→【羽化】命令。在弹出的【羽化选区】对话框中设置【羽化半径】为【1】，单击【确定】按钮。

09 使用【移动工具】将图片拖入前面

步骤制作的证件照片的背景图中，按【Ctrl+T】组合键执行【自由变换】命令，调整其大小及位置。

提 示

一英寸照片的标准是 25 毫米 × 36 毫米（误差为正负 1 毫米），外边的白框不算在内，大小在 2 毫米左右。

第 26 课

海报设计

海报是平面设计的一种表现形式，它的特点是能一步到位地表达出事物的主题。如今，互联网上形形色色的海报数不胜数，要学会汲取其中优秀作品的长处，如鲜明地表达主题、震撼的视觉冲击、独具匠心的创意。对于自己，要勤加思考，多加练习，日以渐进，才能设计出深刻、独到的海报。

26.1 设计思路

极简时光

关键词：设计思路 / 确定主题 / 设计表达 / 材料工艺 / 设计重点

一分钟

本节以设计一张具有时尚感的饮料海报为例，讲述海报设计处理的方法和思路，以及通常使用的工具等。在设计海报之前，首先要确定主题，厘清思路，才能正确地指导设计。

1. 确定主题

饮料属于大众的消费品，以儿童喜爱居多，所以饮料海报的设计定位为大众消费群体，也适合不同层次的消费群体。

饮料海报在设计风格上，运用真实的橙子照片和鲜艳的颜色及醒目的商标相结合的手法，既突出了主题，又表现出其品牌固有的文化 理念。

在色彩运用上，以橙色效果为主，突出该产品的"天然"特点。图片上运用白色，在橙色背景下更好地呼应了时尚感。

2. 设计表达

在整个设计中，充分考虑到文字、色彩与图形的完美结合，相信在同类产品海报中，浓烈地体现季节性色彩效果是非常有吸引力的 一种。

3. 材料工艺

此包装材料采用 175g 铜版纸不干胶印刷，方便粘贴。

4. 设计重点

在进行海报的设计过程中，运用到 Photoshop CS6 软件中的图层及文字等命令。海报效果如下图所示。

26.2 设计背景并添加素材

极简时光

关键词：新建文档 / 选择
【渐变工具】/【渐变编辑器】
对话框 /【移动工具】/【自
由变换】命令

一分钟

设计背景并添加素材的具体操作步骤如下。

01 打开 Photoshop 软件，按【Ctrl+N】组合键，
打开【新建】对话框，创建一个【宽度】
为【210 毫米】、【高度】为【297 毫米】、
【分辨率】为【100 像素 / 英寸】、【颜
色模式】为【CMYK 颜色】的新文件，
单击【确定】按钮。

02 创建一个空白文档后，选择工具箱中的
【渐变工具】，并在工具选项栏中单
击【点按可编辑渐变】按钮。

03 在弹出的【渐变编辑器】对话框中单击
颜色条右端下方的【色标】按钮，添加
从橙色（C:0，M:55，Y:90，K:0）到白
色（C:0，M:0，Y:0，K:0）的渐变颜色，
单击【确定】按钮。

04 在画面中由上至下地使用鼠标拖曳来进
行从橙色到白色的渐变填充。

05 打开"素材 \ch26\ 橙子图片 .psd"图片。

06 使用【移动工具】▶╋将橙子图片拖入背景中，按【Ctrl+T】组合键，执行【自由变换】命令将其调整到合适的位置。

07 打开 "素材 \ch26\ 耳机 .psd" 图片。

08 使用【移动工具】▶╋将耳机图片拖入背景中，按【Ctrl+T】组合键执行【自由变换】命令，将其调整到合适的位置，并调整图层顺序。

09 单击【耳机】图层前面的缩略图创建选区，然后填充白色。

26.3 添加设计元素和细节

极简时光

关键词：打开素材 /【移动工具】/【自由变换】命令 / 设置画笔

一分钟

添加设计元素和细节的具体操作步骤如下。

01 打开 "素材 \ch26\ 饮料盒 .psd" 图片。

02 使用【移动工具】▶╋将图片拖入背景中，按【Ctrl+T】组合键执行【自由变换】命令，将其调整到合适的位置，并调整图层顺序。

03 打开"素材 \ch26\ 商标 .psd"图片。

04 使用【移动工具】►✛将商标图片拖入背景中，按【Ctrl+T】组合键执行【自由变换】命令，将其调整到合适的位置，并调整图层顺序。

05 新建一个图层，选择【画笔工具】，设置【大小】为【5 像素】、【硬度】为【100%】。

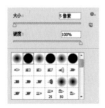

06 设置前景色为白色，然后在耳机和饮料盒之间绘制一根耳机线，如下图所示。

07 将橙子图像调大一些，然后单击【耳机】图层前面的缩略图创建选区。

08 删除选区内橙子的图像，并保存图像，最终的效果如下图所示。

第 27 课
房地产平面广告设计

平面广告是商家以加强销售为目的,宣传产品或企业形象的设计,以平面广告的形式展现。本课主要以房地产平面广告设计为例,讲述 Photoshop 如何设计出效果独特、创意鲜明的广告的方法和技巧。

27.1 设计思路

极简时光

关键词: 设计思路 / 属性定位 / 国境文案 / 广告语

一分钟

房地产开发商要加强广告意识,不仅要使广告发布的内容和行为符合有关法律和法规的要求,而且要合理控制广告费用投入,使广告能起到有效的促销作用。这就要求开发商和代理商重视和加强房地产广告策划。但实际上,不少开发商在营销策划时,只考虑具体的广告实施计划,如广告的媒体、投入力度、频度等,而没有深入、系统地进行广告策划,因而有些房地产广告的效果不尽如人意,难以取得营销佳绩。随着房地产市场竞争日趋激烈,代理公司和广告公司的深层次介入,广告策划已成为房地产市场营销的客观要求。

房地产广告从内容上分有以下 3 种。

(1)商誉广告。它强调树立开发商或代理商的形象。

(2)项目广告。它树立开发地区、开发项目的信誉。

(3)产品广告。它是为某个房地产项目的推销而做的广告。

在本案例中,设计采用了三段式版式设计,这也是最常用的设计手法。上部分主要表现房地产项目的广告策划文案,中间部分表现房地产项目的预期建设效果,下部分表现房地产项目的具体地址、公司和内容等相关信息。

歆碧御水山庄(概念 + 情节演绎,像一本言情小说)

(1)属性定位:园境,歆碧御水山庄。

(2)广告语:生活因云山而愉悦,居家因园境而尊贵。

(3)园境文案。

(4)小户型楼书,亦是"生存态"读本。

本案例主要使用 Photoshop 的【画笔工具】【图层蒙版】【移动】和【填充】等工具来设计一张整体要求大气高雅、符合成功人士喜好的房地产广告。制作效果如下图所示。

27.2 设计广告背景

极简时光

关键词：【新建】对话框 /【拾色器（前景色）】对话框 /【曲线】命令

一分钟

设计广告背景的具体操作步骤如下。

01 启动 Photoshop 软件，按【Ctrl+N】组合键，在打开的【新建】对话框中设置一个【名称】为【房地产广告】、【宽度】为【28.9厘米】、【高度】为【42.4厘米】、【分辨率】为【300像素/英寸】、【颜色模式】为【CMYK 颜色】的新文件，单击【确定】按钮。

02 创建一个新文档后，选择工具箱中的【设置前景色】，在打开的【拾色器（前景色）】对话框中设置颜色（C:50,M:100,Y:100,K:0）。

03 单击【确定】按钮，并按【Ctrl+Delete】组合键填充背景。

04 新建一个图层，单击工具箱中的【矩形选框工具】，创建一个矩形选区并填充土黄色（C: 25, M: 15, Y: 45, K: 0），如下图所示。

05 打开"素材\ch27\天空.jpg"图片，使用【移动工具】将天空图片拖入背景中，按【Ctrl+T】组合键执行【自由变换】命令，将其调整到合适的位置。

这里只需要天空的一部分图像，因此将图片调得尽量大，使其中一部分图像符合需要即可。

06 单击【图层1】前面的缩略图创建选区，执行【反选】命令，然后选择【图层2】图层，按【Delete】键，删除不需要的天空图像。

07 单击工具箱中的【矩形选框工具】，在下方创建一个矩形选区并删除天空图像。

08 选择【图像】→【调整】→【曲线】命令，调整天空图层的亮度和对比度，如下图所示。

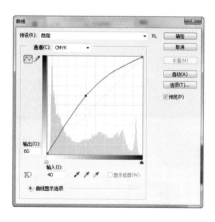

09 单击工具栏中的【加深工具】 ![icon] 对天空上部分图像进行加深处理，效果如下图所示。

27.3 添加广告主体与元素

极简时光

关键词：使用【移动工具】/【自由变换】命令/设置不透明度

一分钟

背景完成后，即可在广告上添加房地产

项目主体，另外为使主体视觉效果更加出众，可以添加一些装饰元素，具体操作步骤如下。

01 打开"素材\ch27\别墅.psd"图片。

02 使用【移动工具】 ![icon] 将别墅图片拖入背景中，按【Ctrl+T】组合键执行【自由变换】命令，将其调整到合适的位置。

03 打开"素材\ch27\鸽子.psd"图片。

04 使用【移动工具】▶✛将鸽子图片拖入背景中,按【Ctrl+T】组合键执行【自由变换】命令,将其调整到合适的位置。

05 将该别墅和鸽子图层的不透明度值分别设置为95%和90%,使图像和背景有一定的融合。

27.4 添加广告文字和标志

极简时光

关键词:【自由变换】命令 / 使用【移动工具】/【自由变换】命令

一分钟

添加广告文字和标志的具体操作步骤如下。

01 打开"素材\ch27\文字01.psd、文字02.psd"图片。

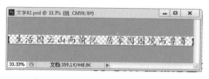

02 使用【移动工具】▶✛将"文字01.psd"和"文字02.psd"图片拖入背景中,按【Ctrl+T】组合键执行【自由变换】命令,将其分别调整到合适的位置。

03 打开 "素材 \ch27\ 标志 .psd" 图片。

04 使用【移动工具】► ┿ 将 "标志 .psd" 图片拖入背景中，然后按【Ctrl+T】组合键执行【自由变换】命令，将其调整到合适的位置。

27.5 添加项目宣传信息

关键词：使用【移动工具】/【自由变换】命令

一分钟

　　添加项目宣传信息的具体操作步骤如下。

01 打开 "素材 \ch27\ 宣传图 .psd、交通图 .psd 和项目地址 .psd" 图片。

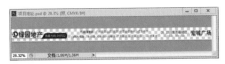

02 使用【移动工具】► ┿ 将 "宣传图 .psd" "交通图 .psd" 和 "项目地址 .psd" 图片拖入背景中，然后按【Ctrl+T】组合键执行【自由变换】命令，将其分别调整到合适的位置，至此一幅完整的房地产广告图片就做好了。

第 28 课

汽车网页的设计

使用 Photoshop 不仅可以处理图片，还可以在其中进行网页设计。本课以设计汽车网页为例，介绍网页设计的处理方法和思路。

28.1 设计思路

极简时光

关键词：设计思路/网页设计/建设网站/设计汽车网页

一分钟

网页设计作为一种视觉语言，特别注重编排和布局，虽然主页的设计不同于平面设计，但它们有许多相近之处。版式设计通过文字、图形及色彩的空间组合，表达出和谐与美。本实例主要采用灰色系，达到一种科技感，另外网页的布局采用"三"型布局。这种布局是在页面上横向设置两条色块，将整个页面分割为 4 个部分，色块中大多放广告条。

对于网页设计，首先需要明确建立网站的目标和用户需求。Web 站点的设计是展现企业形象、介绍产品和服务、体现企业发展战略的重要途径，因此必须明确设计站点的目的和用户需求，从而做出切实可行的设计规划。根据消费者的需求、市场的状况、企业自身的情况等进行综合分析，以"消费者

（Customer)"为中心，而不是以"美术"为中心进行设计规划。

在设计规划时应考虑以下几点。

（1）建设网站的目的是什么？

（2）为谁提供服务和产品？

（3)企业能提供什么样的产品和服务？

（4）网站的目标消费者和受众的特点是什么？

（5）企业产品和服务适合什么样的表现方式（风格）？

本节在设计汽车网页时共分 5 步，分别为设计公司标志、制作网页导航栏、制作页面按钮、制作页尾版权、页面设计、对网页进行切片，其中页面设计包括页面背景、设置文本、绘制图形、添加素材 4 个部分，设计的效果如下图所示。

28.2 设计公司标志

极简时光

关键词：【名称】文本
框/【图层】面板/【图
层样式】对话框/【渐变
编辑器】对话框

一分钟

设计公司标志的具体操作步骤如下。

01 启动 Photoshop，按【Ctrl+N】组合键，
打开【新建】对话框，在【名称】文本
框中输入"公司标志"，将【宽度】设
置为【250 像素】，【高度】设置为【250
像素】，【分辨率】设置为【72 像素 /
英寸】，【背景内容】设置为【白色】，
单击【确定】按钮。

02 新建一个空白文档，在其中输入文字，
并设置文字的颜色为黑色，其中字母的
大小为"100 点"，字体为"LilyUPC"。

03 在【图层】面板中选中【文字】图层并右击，
从弹出的快捷菜单中选择【栅格化文字】
命令，即可将该文字转化为图层。

04 在【图层】面板中选中【文字】图层，
然后单击【添加图层样式】按钮 *fx.*，打
开【图层样式】对话框，按下图所示设
置渐变参数，并单击【点按可编辑渐变】
按钮。

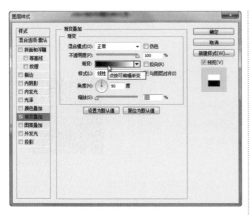

完成后，单击【确定】按钮。

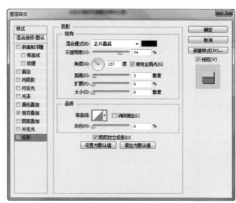

05 打开【渐变编辑器】对话框，并设置从
浅灰色到深灰色的金属渐变颜色。

位置 0 ：（C:47, M:39, Y:37, K:0）

位置 15 ：（C:78, M:72, Y:69, K:38）

位置 30 ：（C:20, M:15, Y:14, K:0）

位置 57 ：（C:78, M:72, Y:69, K:38）

位置 77 ：（C:65, M:57, Y:54, K:3）

位置 100 ：（C:16, M:13, Y:13, K:0）

单击【确定】按钮，返回到【图层样式】
对话框。

06 在【图层样式】对话框中继续添加【投影】
图层样式，参数设置如下图所示，设置

07 在【图层】面板中单击【新建图层】按钮，
新建一个图层。然后在工具箱上选择【自
定形状工具】，在选项栏中单击【点击
可打开"自定形状"拾色器】按钮，打
开系统预设的形状，在其中选择需要的
形状，这里选择【注册商标符号】选项。

08 选择形状后，在该图层中绘制该形状，如下图所示。

09 在【图层】面板中选中【图层1】和【形状1】图层，按【Ctrl+E】组合键，将两个图层合并成一个图层。

10 按【Delete】键删除背景，使公司标志成为一个透明的图片。

28.3 制作网页导航栏

极简时光

关键词：【新建】对话框/【名称】文本框/【圆角矩形工具】/删除【背景】图层

一分钟

设计网页导航栏的具体操作步骤如下。

01 选择【文件】→【新建】命令，打开【新建】对话框，在【名称】文本框中输入"网页导航栏"，将【宽度】设置为【800像素】，【高度】设置为【100像素】，【分辨率】设置为【72像素/英寸】，单击【确定】按钮。

02 在工具箱中单击【圆角矩形工具】，然后双击文档空白区域，弹出【创建圆角矩形】对话框，设置【宽度】为【550像素】、【高度】为【40像素】，并将【半径】值设置为【50像素】，单击【确定】按钮。

03 在网页导航栏文件中单击绘制出路径图形。

04 新建一个【图层1】图层，设置前景色的颜色为白色，在【路径】面板中单击【用前景色填充路径】按钮●为路径填充颜色，删除【背景】图层，填充效果如下图所示。

05 新建一个【图层2】图层，设置前景色的颜色为蓝色（C:75, M:40, Y:22, K:0），然后设置画笔参数，在【路径】面板中单击【用画笔描边路径】按钮○为路径填充颜色。

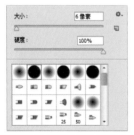

06 单击工具箱中的【横排文字工具】按钮，在其中输入文字，并设置文字的颜色为蓝色（C:75, M:40, Y:22, K:0）、字体

大小为【16点】、字体为【黑体】。

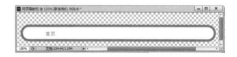

07 参照上述方式，输入网页导航栏中的其他文字信息，不同的是将其他的文字位置排列整齐，然后合并图层，效果如下图所示。

28.4 制作网页按钮

极简时光

关键词：【名称】文本框/【新建】对话框/【横排文字工具】按钮

一分钟

制作网页按钮的具体操作步骤如下。

01 选择【文件】→【新建】命令，打开【新建】对话框，在【名称】文本框中输入"按钮"，将【宽度】设置为【100像素】，【高度】设置为【25像素】，【分辨率】设置为【72像素/英寸】，单击【确定】按钮。

02 即可新建一个空白文档，如下图所示。

03 单击工具箱中的【渐变工具】，设置渐变颜色为从浅灰色到白色再到浅灰色。

位置 0：（C:27，M:21，Y:20，K:0）

位置 38：（C:0，M:0，Y:0，K:0）

位置 100：（C:52，M:44，Y:41，K:0）

04 由上向下填充渐变颜色，效果如下图所示。

05 单击工具箱中的【横排文字工具】，在其中输入文字，并设置文字的颜色为深灰色（C:75，M:68，Y:65，K:26）、字体大小为【12 点】、字体为【黑体】。

06 将图像保存为"新闻按钮 .jpg"，然后参照上述方式，输入另外两个按钮中的其他文字信息，分别进行保存。

28.5 制作页尾版权

极简时光

关键词：【新建】对话框 /【名称】文本框 / 设置文字字体

一分钟

制作页尾版权的具体操作步骤如下。

01 选择【文件】→【新建】命令，打开【新建】对话框，在【名称】文本框中输入"版权"，将【宽度】设置为【1024 像素】，【高度】设置为【100 像素】，【分辨率】设置为【72 像素 / 英寸，单击【确定】按钮。

02 将背景填充为"黑色"，即可创建一个空白文档。

03 单击工具箱中的【横排文字工具】，在其中输入版权信息、地址、电话等相关文字信息，设置文字的字体为【黑体】，字号为【12 点】，颜色为白色。

28.6 网页页面设计 1：
页面背景

极简时光

关键词：【新建】对话框 / 设置渐变颜色 / 选择【移动工具】

一分钟

制作网页页面背景的具体操作步骤如下。

01 执行【新建】命令，在弹出的【新建】对话框中创建一个名称为"汽车网页"、【宽度】为【1024 像素】、【高度】为【768 像素】、【分辨率】为【72 像素 / 英寸】、【颜色模式】为【RGB 颜色】的新文件，单击【确定】按钮。

02 创建一个"汽车网页"空白文档。单击工具箱中的【渐变工具】，设置渐变颜色为从浅灰色到白色再到浅灰色。

位置 0：（C:13，M:10，Y:10，K:0）

位置 38：（C:2，M:2，Y:2，K:0）

位置 100：（C:14，M:11，Y:10，K:0）

03 为图像填充线性渐变颜色，效果如下图所示。

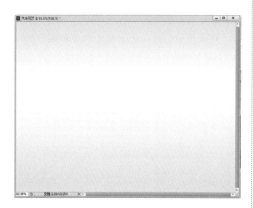

04 打开"素材\ch28\公司标志.psd、网页导航栏.psd"图片。选择【移动工具】将图片拖曳到新建文档中。按【Ctrl+T】组合键来调整它们的位置和大小，并调整图层顺序。

05 打开"素材\ch28"中的"新闻按钮.jpg""维修按钮.jpg""车型按钮.jpg""状态栏.jpg"图片，选择【移动工具】将文字拖曳到新建文档中，调整位置和顺序，按【Ctrl+T】组合键来调整它们的位置和大小，并调整图层 顺序。

28.7 网页页面设计2：设置文本

极简时光

关键词： 使用【移动工具】/【横排文字工具】按钮

一分钟

制作网页页面文本的具体操作步骤如下。

01 打开"素材\ch28\公司.jpg"图片，使用【移动工具】将公司图片拖曳至文档中，按【Ctrl+T】组合键执行【自由变换】命令，将图片调整至合适的大小和位置。

02 单击工具箱中的【横排文字工具】，在文档中输入【企业介绍】，设置文字的字体为【深黑体】、字体大小为【12 点】，并设置文本颜色为深绿色（C:73，M:0，Y:100，K:0）。

03 继续在文档中输入【服务宗旨】，设置文字的字体为【黑体】、字体大小为【10 点】，并设置文本颜色为深灰色（C:75，M:68，Y:65，K:26）。

04 单击工具箱中的【横排文字工具】，在文档中输入有关该企业的相关介绍性信息，并设置文字的字体为【黑体】、字体大小为【8 点】。

05 再次使用【横排文字工具】在文档中输入【Read More】，设置文字的字体为【黑体】、字体大小为【8 点】，并设置文本颜色为深绿色（C:73，M:0，Y:100，K:0）。

06 在"Read More"图层下新建一个图层，使用【矩形工具】绘制"Read More"下的矩形图标，颜色设置为深灰色。

28.8 网页页面设计 3：绘制图形

极简时光

关键词：【投影】图层样式 /【拷贝图层样式】命令 / 使用【多边形套索工具】

一分钟

网页页面图形绘制的具体操作步骤如下。

01 新建一个图层，单击工具箱中的【钢笔工具】，绘制如下图所示的图形，并填充深灰色（C:73，M:66，Y:63，K:20）。

02 使用相同的方法继续在不同的图层中创建图形，如下图所示。

03 使用相同的方法继续在新的图层创建图形，如下图所示，这里填充的颜色为白色。

04 使用相同的方法继续在新的图层中创建图形，如下图所示，这里填充的颜色为浅灰色（C:39，M:31，Y:30，K:0），并把这个图形图层放置到上面图形图层的下方。

05 在【图层】面板中选中【深灰色图形】图层，然后单击【添加图层样式】按钮 *fx*，添加【投影】图层样式并设置参数，如下图所示。

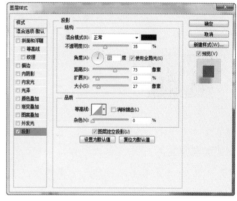

06 单击【确定】按钮，效果如下图所示。

07 在该图层上右击，在弹出的快捷菜单中选择【拷贝图层样式】命令，然后选择上面绘制的图形图层，粘贴图层样式效果，如下图 所示。

08 在浅灰色垂直图层上新建一个图层，使用【画笔工具】绘制分隔线，前景色设置为白色，效果如下图所示。

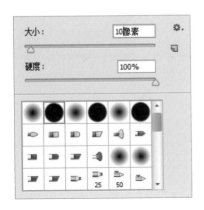

09 将白色条状图层的图层样式栅格化，使用 【多边形套索工具】选择不合理的投影部分并删除，效果如下图所示。

10 同理，删除其他不合理的投影部分，效果如下图所示。

227

28.9 网页页面设计 4：添加素材

关键词：使用【移动工具】/【投影】图层样式/使用【横排文字工具】

一分钟

01 打开"素材 \ch28\ 厂房 .jpg"图片，使用【移动工具】将公司图片拖曳至"汽车网页 .psd"文档中，按【Ctrl+T】组合键执行【自由变换】命令，将图片调整至合适的大小和位置。

02 建立"厂房"图像下深灰色色块的图层选区，然后反选删除图像，效果如下图所示。

03 打开"素材 \ch28\ 维修 .jpg 和汽车 .jpg"图片，使用【移动工具】将公司图片拖曳至"汽车网页 .psd"文档中，按【Ctrl+T】组合键执行【自由变换】命令，将图片调整至合适的大小和位置。使用相同的方法创建选区并删除多余的图像，效果如下图所示。

04 为【维修图像】图层添加【投影】图层样式效果，如下图所示。

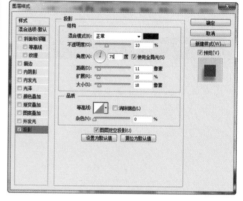

05 再次使用【横排文字工具】在文档中输入广告词，设置文字的字体为【楷体】、字体大小为【30 点】，并设置文本颜色为深灰色，调整文字位置。

06 单击工具箱中的【横排文字工具】按钮，在其中输入相关文字信息，即可完成网页制作，然后保存到"汽车网页.psd"文档，效果如下图所示。

28.10 对网页进行切片

极简时光

关键词：【切片工具】/【存储为 Web 所用格式】对话框 /【将优化结果存储为】对话框

一分钟

　　网页平面效果设计好后，一般需要进行切片，存储为 Web 所用格式，才能交给网站开发人员对网站进行搭建，下面介绍网页切片的具体操作步骤。

01 在工具箱中单击【切片工具】 ，根据需要在网页中选择需要切割的图片。

02 选择【文件】→【导出】→【存储为 Web 所用格式】命令，打开【存储为 Web 所用格式】对话框，选中要存储的所有切片，单击【存储】按钮。

03 打开【将优化结果存储为】对话框，选择保存格式和保存切片，单击【保存】按钮。

04 即可以切片的形式保存起来，并生成名称为 "images" 的文件夹和 "汽车网页.html" 的网页。

05 双击 "汽车网页.html"，即可在网页浏览器中打开汽车网页，如下图所示。